# 你总是太容易放过自己

卡西 著

读者出版社

你说梦想遥不可及，可是你从不早起。你觉得成功都是属于别人的，只因你从未努力。早一点出发，总是好的。早一点为自己想要的东西而努力，总是带着先见之明的。努力不一定有回报，不努力，就一定不会有回报。

说到底，过早地喜欢退休之后的生活，就是一种逃避，因为生活啊，总是困难重重，总是让人觉得心寒意冷。然而逃避不能为我们带来任何实质性的效益，只会让人越来越无斗志，让你的“冬天”无限期延长。

断舍离不是要否认自己的过去和眼光，不是决绝，而是让自己能够不断前进，一步一步爬上更高的阶梯。衣柜如此，大大小小的物件如此，生活如此，人生也是如此。

一个人的文化素养、生活涵养跟他的自制力是息息相关的。我见过很多优秀的人，他们不怎么刷朋友圈，他们宽容大度，不为小事斤斤计较，能够控制自己对他人的脾气和度量。因为他们深知，小事和冲动不会给他们带来任何益处，他们还有更重要的事情要做。

序言

# 你总是太容易放过自己

01

去年的时候，公司新来了一位同事。

他很健谈，擅交际，几番接触下来，觉得这是一个很聪明的男生，然而进公司几个月之后，他做方案的路子却没什么进步，思维模式有些不符合他年龄的守旧，套模板化过于明显，缺乏创意和新鲜元素。

我想，不应该的，以他的热情和勤快，再配上聪明的大脑，该是短时间内迅速上手才对，可他连着几次做出来的方案，皆不尽如人意。

我与他在工作上有很多的交接和互通，眼看着他的聪明半点没体现在策划案上，不免有些着急。

有一次一起去见客户做提报，我提前一天告诉他，要提报的这个方案我做了些改动，然后大概跟他说了下改动的地方和用意，让他重新梳理一下思路，以免提报的时候出现误差，他连说放心吧没问题。

结果，当我们在会议室认真听他演讲的时候，他卡壳了，因为一个细节部分的活动现场创意环节，他完全想不起来我之前的叮嘱，站在那里不知所措。甲方的代表趁机提问，同事挠头支吾不清，场面一度陷入安静和尴尬。

我赶忙起身救场，将创意环节的节目推荐解释清楚，并表示这种策划的各种优点。

当然，最终这场合作成功了。

但从头回顾，还是有些后怕。

这是一场大活动，资金齐全，回款迅速，如果因为一些细节问题导致不愉快，一定是件悲哀的事情，甚至是一场责任和事故。

新同事散会之后连连道歉，保证下不为例，可是，他并没有做到他说的“下不为例”。

管他要一份方案的时候，他都是能拖则拖，问他怎么好几天了还没完成，同事说，最后期限还没到，不着急。

他的方案经常套用从前的模板。这本无可厚非，好的东西去芜存菁之后也堪称经典，可如果每次的方案，翻来覆去都是那么几个模式，就有些糊弄了。

我问他：这样怎么行？他满不在乎地说：重新划定思路太麻烦了，相同的方案也没事儿，反正不是同一个客户。

今年年初，这位同事跳槽去了另外一家公司，我与他的交集也越来越少，本以为再无联系，谁知前几日接到他的电话，问我：公司现在还招人吗？

原来他在新的工作单位仍旧保持着从前得过且过的样子，终于丢失了一笔订单，甲方转寻别家合作，他的老总大怒，这位同事也因此离职。

我想，他从前那样轻易放过自己，任由懒惰和拖延滋长，终究为自己的吊儿郎当和得过且过买了单。

一时的轻松，远不足以支撑人生的轻松，那些健谈是深谙职场的圆滑与世故，以为见人说人话见鬼说鬼话，人际关系处理得当就拿到了免死金牌，但事实却是工作能力上的不作为，再老谋深算也无用。

02

我们之所以这么轻易地就放过自我的成长，是因为心里存在着一个叫“侥幸”的词语。

不用力的生活，没准有它的好处呢？没准领导看不到我偷懒呢？没准我的方案误打误撞就被选用了呢？所以没关系啊，你看，我这样不认真，也没造成什么严重的后果，做事情嘛，过得去就好，不必太用力。

于是，我们一遍一遍地自我暗示，第一次找借口的时候还有点心虚，但在第二次第三次第N次之后，我们居然都习惯了这些借口，我们站在人生的十字路口上，选择了最简单最容易的那条路。

我们都忘记了自己的初衷，以为眼前的放过和怠慢是及时行乐，是享受人生，可上天这样公平，年轻时候的懒惰，势必成为年长时候的困惑。

我朋友小米，三个月前告诉我她要减肥，她说每次逛街时看中的衣服都穿不进去，这种感觉实在是令人沮丧，然而三个多月过去了，她的体重仍旧霸占原来的数字。

我问她，怎么还没瘦下来。

小米说，跑步太累了，而且夏天很热，跑完步还不得全身是汗水吗，太辛苦，不如冬天再跑吧。

小米说，作为一个吃货，每次逛超市都是煎熬，那么多花花绿绿的包装袋，那么多还未曾吃过的餐厅，少吃一点再少吃一点，臣妾做不到啊。

小米说，下了班还要煲电视剧或者逛街的，没时间去健身房。

小米还说，反正她现在才 24 岁，她结婚之前瘦下来就好了，拍结婚照之前瘦下来就够了。

可是，时光与机会，从不等人。

小米爱上了一个男子，男子说，对不起啊，我想找个瘦点的女朋友。

爱情还未开始，就结束在了她尚未瘦下来的体重里。

小米黯然神伤，却也无能为力，谁让她曾经找了无数的理由和借口而让体重听之任之。

03

大多数人都习惯在自己的舒适区里偏安一隅，觉得做事嘛，怎么简单怎么来，能完成就好，并不太去在意质量。

但其实，对工作以及任何事情的敷衍，就是对自己的敷衍。

你的工作报告漏洞百出，你说没关系，反正领导也不是挨个看。

你一边高喊着减肥，一边用“吃完才有力气减肥”来宽慰自己。

你一边不满着老板为什么用一个不如自己聪明的人，一边做一个只扫自己门前雪不管他人瓦上霜的办公室油条。

你一边说着“每天叫醒我的不是闹钟，是梦想”，一边关掉闹钟继续睡。

你一边对这个社会贫富差距不满，一边窝在沙发上打游戏、看冗长的电视剧，而不是让自己升值。

太容易放过自己了，以至于觉得一切的放过都是理所当然，甚至于养成了敷衍的习惯，日复一日年复一年，还给自己找无数个借口，什么拖延症，什么活在当下及时行乐，什么要做自己……各种口号层出不穷。

但你就是没注意到，这样的放过，并不会成就你，相反，它会拉低你，让你一再下滑，最终摔得惨痛。

没有谁的人生是容易的，我们总要经过日积月累的努力才能去靠近自己想要的生活。而如果，在这些年轻的日子里，我们轻易就放过自己，逃避当下的困难和坚持，那么，我们终究会离自己想要的生活越来越远。

我总是听到有人说，如果时光倒流就好了，如果重新开始就好了，就能够重新学习和努力，就不会遇见今天的不如意。

可时光不能倒流，谁也无法回头，如今的不如意，恰恰是从前轻易放过自己的结果。有因才有果，若你现在还放任自己，敷衍生活，多年以后，你将失去更多。

而那些失去的，多半是你本可以拥有的。

你为什么不在最开始的时候，就抓住命运恩赐的每一场机遇，一步一步踏踏实实，用努力去创造自己的碧海蓝天?

目录 /

# Part1

## 对自己越严格，生活对你越宽容

contents

# Part2

## 愿你拥有选择生活的能力

# Part3

## 迷茫的本质是想太多做太少

contents

# Part4

## 有底气才能骄傲地活着

# Part5

## 爱情不是较量，主动权没那么重要

# Part 1

## 对自己越严格，生活对你越宽容

生活更偏爱那些会严格要求自己的人，在他们面对困难和挫折时给予更多的选择权，你只有促使自己变得更好，生活才会慷慨地给你回馈。

# 你不是迷茫，你是自制力不强

01

你有没有过这种情况：

打开今天决定要看的书，看了两页，拍张照片，发了个朋友圈打卡，然后等待着点赞评论，再抽个时间回复评论。等待与渴望被关注的时间一点一点过去，直到该洗漱睡觉了，你才发现，那本书一直停留在第二页上。

想学英语，看看时间还早，看会儿电视剧吧；这个电视剧怎么拍的，情节都对不上啊，太无聊了，还是玩会儿游戏吧；游戏玩得差不多了，一看时间，半夜12点了：算了，还是明天再学吧，反正也不差这一天。

正在减肥中，却总是管不住自己的嘴，看到这家店要去尝一尝，看到那个好吃要买回来吃一吃，还不断地安慰自己，减肥不差这一顿。

于是，我们给自己找到了很多的借口，什么拖延症啊，懒癌晚期啊，人生得意须尽欢啊，五花八门，各式各样，这些借口也都说得过去，还附带着勇于自嘲的幽默感。

然后呢？

然后，我们会说“唉，我也想改变啊，我好迷茫无助，我好惆怅无奈，我也不想这样的，我想做得好但就是找不到方向”。

再然后，我们仍然在原地踏步，止步不前。

你有没有透过这些表象去看看自己的内在？

你为什么做不到？

因为你连最起码的自制力都没有。

自制力是什么？

自制力，就是一个人控制自己思想感情和举止行为的能力。

02

昨晚有个姑娘给我留言，说她控制不住自己，每隔几分钟就要刷一下朋友圈，她知道自己这样不对，也想改变，想努力学习，但就是做不到。

你想要改变，是因为你本身已经意识到这种行为给你带来了不良影响，而你为什么没有改变成功?

我们每个人都会遇到这样的问题，能否做好的关键在于是否拥有强大的自制力。

频繁地刷朋友圈，是你的自制力没有达到与你想要的东西抗衡的地步，所以你一再放任自己一遍又一遍地刷，仿佛只有这样才能找到存在感和充实感。

什么迷茫不知道路在何方，都是自制力不能发挥其作用时，我们给自己找的借口。

你是学生，就要努力学习考出好成绩；你是员工，就得全力以赴，做出好业绩。迷茫不过是懒惰的出口，你没有坚持过就说自己没办法，那是对自己的贬低。

所以你要强制性地让自己改变，把花在朋友圈的精力转移到自己有兴趣的事情上，然后循序渐进，再去学习自己专业方面的知识。

03

自制力太差是一种什么样的体验?

我上个周末用了一整天的时间来收拾屋子。

理论上，就算大扫除也用不了一整天，而实际上，我确实花了一整天的时间在做家务这件并没有让我获得快乐的事情上。

先收拾卧室，把床单被罩都换下来，换着换着觉得房间好安静，还是有点声音的好，打开电脑音响。原来播放列表里的歌都听腻了，于是又到曲库里搜索，一首一首试听，半个多小时过去了，终于找到几首差不多的，才想起来还要干活。

好，继续，现在要收拾玩具了，该洗的放到盆子里，其他的归置到相应的箱子里。咦，好久没玩这副象棋了，练练手吧，叫上秦先生杀一盘，输了，转身看到玩具仍然是散落一地。

卧室终于拾饬得差不多了，转战客厅，有点无聊，一边看电视一边收拾吧。

《琅琊榜》看过了，《芈月传》不想看，《国土安全》得盯着字幕才能看懂不适合此时，推理费脑子的也不行，因为擦桌子拖地不能时刻对着电脑，情节跟不上不过瘾……

找了将近一个小时，最后确认看《笑傲江湖》。

好了，客厅也收拾得差不多了，现在就剩下厨房的卫生和卫生间要洗的衣服了。

想看看冰箱里有什么需要处理的，结果被酸奶吸引了，拿出两杯来喝掉，再找找还有什么吃的，也吃掉……

当我洗完衣服彻底解脱的时候，天都已经黑了。

其实，本来可以两个小时就完成的事情，我用了一天外加没吃午饭的时间。

我完全可以先做完家务，再吃点东西，再看看有什么感兴趣的事情，或者看看书或者研究研究象棋。而不是一会儿做这一会儿做那，家务没做好，我在其中也玩得并不痛快。

因为自制力不强，总是被这些外在的事情所吸引，分散了注意力，从而放任自己去为那些琐事分神劳力，不能专注地完成我们想要做的事，导致了时间的浪费、精力的消耗。

04

我们应该如何提高自己的自制力呢？

从兴趣开始，到顺其自然。

首先，你要找到感兴趣的事情。俗话说兴趣是最好的老师，兴趣所在，便是动力所在，这有助于集中注意力的培养。

其次，你要找到一个想要前进的方向和目标。毫无章法的规划有可能会让你偏离轨道，所以你要想明白你想在哪方面有所发展和深造。选对了方向，事半功倍。

再者，你要强制性让自己去坚持。比如你要报考托福或雅思，那你每天就要拿出一个小时或者更多的时间来练习听力、口语、笔试试题，每天无论多么困多么冷多么不愿意起床，你都要坚持把这部分练习完。

这坚持的过程，就是你自制力不断增强的过程。

一个人的文化素养、生活涵养跟他的自制力是息息相关的，我见过很多优秀的人，他们不怎么刷朋友圈，他们宽容大度，不为小事斤斤计较，很能控制自己对他人的脾气和度量。因为他们深知，小事和冲动不会给他们带来任何益处，他们还有更重要的事情要做。

文化素养，从另一个方面来说，它代表了我们内心的层次，层次越高，人生观和价值观更为高尚。文化素养高的人能够看到常人所不能理解的那一面，并坚持自我完善和控制。

提高知识和素养，与提高自制力相辅相成。

罗伊·L. 史密斯说过：“自制力宛若受到控制的火焰，正是它造就了天才。”

如果想要有所成就，就放下那些迷茫的借口，培养好你的自制力，你终将能收获你想要的。

Do it now！（现在就做）

# 从未功成名就过，谈什么退隐江湖

01

有段时间，我跟寒姐儿两个人对于“诗和远方”有着强烈的追求和欲望。

寒姐儿比我大两岁，之所以称呼她为寒姐儿是因为她很怕冷。她是南方人，嫁到北地来，一到冬天就忍不住跟我们抱怨她真的好冷，尽管她穿着比我们身上还厚的羽绒服。

寒姐儿：“我好想去大理定居啊，我想住在风花雪月里，与我的爱人朝朝暮暮。”

我："我的梦想是在西塘拥有一处属于自己的院子，种几盆花草，养几条小鱼，相夫教子，日出而作，日落而息。"

寒姐儿："我讨厌这现实的社会，复杂的人际关系。陶渊明太明智，我想住进世外桃源里。"

我："杨过和小龙女最超俗，隐居古墓，不再过问世间事，两人从此远离江湖，然而江湖却一直有他们的传说。"

叶子说："你们怎么不去那些地方定居？"

寒姐儿："没钱。"

我："没钱。"

于是我和寒姐儿两人沉默不语。

叶子说："逃避解决不了任何问题，没钱没时间就要去努力挣钱挣时间，真正的江湖还没见识过呢，谈什么退隐？"

叶子是90后，爱笑，爱说，年轻，有活力，最重要的是，有着与年轻不符的理智和务实。

今年是叶子毕业的第二年，她的工资已经超过我和寒姐儿两倍，在我和寒姐儿憧憬着江南水乡小资情怀的时候，她已经从马尔代夫和巴厘岛转回来了。

这个世界就是这样，总有比你年轻、比你漂亮、比你有钱还比你努力的人。叶子很少跟我们说她想要什么，而是等她做完了之后，告诉我们，她做过了什么。

叶子刚入职那会儿，加班到深夜是常有的事情，好在有加班费，餐费、打车费公司也给报销，所以她曾一度热爱加班，因为每个月除工资之外可以额外拿到一千多块，她说这一千多块够她的房租了。

也有一回她加班到深夜，拍了张自己影子的照片给我，空空荡荡的街道，有一辆出租车入镜，昏黄的街灯，把她的影子拉得很长。她说好希望活在童话里，不然回老家也行，种种地，养养孩子也挺好啊。

第二天她照常上班，我问她昨晚是不是伤感了，她说是，但下不为例，她不想回老家过一眼就能看完一辈子的生活，等到她将来有钱有时间的时候，再携手良人过种草养花遛鸟的慢节奏日子。

如今她已经开始计划环游世界，而不是如我和寒姐儿一边靠老公养着不去努力，一边厌倦这浮躁的社会和自己。没有见识过这世间所有的美好和黑暗，就叫嚣着时不我与想要逃离，只不过是自欺欺人罢了。

我忽然觉得叶子的那句话无比正确：真正的江湖还没见识过，谈什么退隐。

等到她千帆过尽之后，该得到的都得到了，她才有得选，她才最有资格说，有点累了，不喜欢的都不要了，归于平淡吧。

岁月静好，现世安稳，但不是现在。

高晓松那句红遍网络的原句是这样的：生活不止眼前的苟且，还有诗和远方的田野。

可是如果你不是含着金汤匙出生的，如果你需要通过不断拼搏奋斗才能得到自己想要的一切，那么你必须要经历眼前的苟且，才有机会和能力去选择诗和远方。

02

我认识一个姑娘，受小资情怀的蛊惑，厌倦了工作中的钩心斗角和枯燥无味的内容，也想来一场诗和远方，于是决定辞职，过一过传说中的潇洒日子。

她递交辞职申请的时候，她的直属领导问她：卡里有多少存款？旅行坐头等舱还是火车硬座？旅行回来之后能不能很快找到新工作？你去探索远方，带父母吗？

她说那一刻她一句也回答不上来，感觉很惭愧。

她后来很认真地思考，她当时要离开不过是一种逃避，完全没有想过以后。逃避之后呢？还是要归来重新踏入职场，现在的她，根本没有能力彻底逃离。

幸好她的领导是愿意挽留她的，她从此放下不切实际的妄想，安心工作，等到假期再去旅行，让旅行成为工作之外的放松，让工作成为旅行坚实的经济后盾。

曾经有一段话在朋友圈里流传甚广：我认真做人，努力工作，为的就是当站在我爱的人身边时，不管他富甲一方还是一无所有，我都可以张开手坦然拥抱他。他富有，我不用觉得自己高攀；他贫穷，我们也不至于落魄。

如果你没有通过努力奋斗挣到属于自己的钱和时间，那么最后，你根本不会有这样的机会做选择。他富有，你就有可能被认为是高攀，就有可能被他珍视或者抛弃；他贫穷，你就得跟着他一块承受贫穷。

你没得选，也没有主动权。

说到底，过早地喜欢退休之后的生活，就是一种逃避，因为生活啊，总是困难重重，总是让人觉得心灰意冷。然而逃避不能为我们带来任何实质性的效益，只会让人越来越无斗志，让人的“冬天”无限期延长。

解甲归田，也要披甲上过战场，才有机会脱下战袍归隐田园，不是吗？

你要登过泰山，才知道一览众山小是什么感受。

你要住过宽敞明亮带落地窗的楼房，才能与家里的土炕作比较，才能选择要落地窗还是睡土炕。

我们所要的诗和远方，一定不是空谈，也不能是妄想，更不能只在脑子里过一遍就忘记，一时的逃避不能解决任何问题，努力和奋斗才是人生常态。

明明还年轻，过什么退休后的生活？明明还没功成名就过，说什么要退出江湖归隐田园？

当有一天，你把喜欢的想要的全部经历了一遍，你才最有资格说，噢，其实我可以选择平淡一点的生活。

那个时候，你才有机会选择，是继续扬帆远航，还是过平淡流年，都在你，你升到了那个高度，拥有了主动权。

而那些年纪轻轻就宣扬要过退休生活的我们，是不是把顺序颠倒了？

# 年轻穷可以，
# 但千万别一直穷

01

后台有个读者给我留言说，他觉得自己很穷，非常自卑。别人都已经换了最新一代的 iPhone（苹果手机），他只能用几百的国产手机；别人开车上班，他只能挤公交，还要规划一条不用倒车的路线，避免多花一块钱；别人每个假期都可以坐飞机出去旅游，而他只能逛逛附近的免费公园；别人父母都给准备好了房子，恋爱之后随时能结婚，而他连个首付都付不起。

他发来很多条信息，到最后，他说，感觉自己都不配在这社会立足，好难过。

我问他："你今年多大了？"

他说："22岁，刚毕业。"

22岁是一个什么样的概念？我第一个反应就是年轻，朝气蓬勃，有干劲儿。

在这样一个春光大好的年纪，渐渐褪去校园的稚嫩，迎接工作上和社会中的挑战，向着自己的目标和理想一步步靠近，朝着曾经想要的一切努力奋斗，这样的年纪应该是积极的、向上的、充满希望的，不是吗？

人生的旅程才刚刚开始，一切都是充满希望的啊。

此刻的贫穷，能说明什么呢？前方是未知，是来得及改变的，只要你努力。

于是我回复他说，年轻时候的贫穷不算什么，重要的是，你不能一直穷下去。

02

前不久，我同事小何失恋了。

小何与男朋友X相恋四年，小何说，这些年她一直是抱着结婚的目标去的，没想到最后曲终人散，以后的新郎不再是他。我们感到惋惜，小何却觉得早点分手也好，免得将来后悔，是她提出的，所以难过也算她活该。

其实小何并没有她自己评价的那样狠心，在我们的认知中，她很爱她的男朋友，她只是厌倦了看不到未来的日子。

X就职于一家消费品公司，做销售员。销售这个职位，做得好其实是很挣钱的，可是X在同一家公司做了四年，没买到房子，没买上车子，甚至没有存款。

小何跟我们提起这些的时候，笑容是很苦的。

她说，她并不是嫌X穷，她最初与X谈恋爱就知道他没钱，他们租房子住了四年，她是为了爱情的。可别人不知道，她却知道，这四年，X无半点上进心。

X的上班时间很自由，只要与客户有约，填个外出单子，就能随时走，但他很少出去发掘新客户。他固定维持着原来的几个客户的订货销量，这些销量恰好够公司规定的每年要完成的任务，多一点都是没有的。

完成任务可以让X年终的时候多拿到几万的提成，再加上每个月的固定工资，还算可以。然而，X的酒肉朋友甚多，今天这个组局，明天那个开party（派对），X周末从不加班，为此失去订单也不在意。

小何与男朋友各自经济独立，她劝过男朋友无数次，想想以后，现在多赚点钱，多奋斗一些，往后的日子会轻松一些。可是X并不听，X的生活，固定在吃喝玩乐和享受之间，不再往前一步。

甚至于，有一次X的父亲生病住院，需要一大笔钱，X自己能拿出手的，居然只有一万元不到，剩下的，小何用自己的储蓄，又找朋友借了些，总算帮他凑够了。

小何以为，经一事长一智，这下X应该知道奋斗的意义了。没承想，X只是感动一时，这件事之后，仍然游走于纸醉金迷之间，仍然是月光族，仍然坐在办公位上玩游戏而不去开拓新客户。

小何想了很久，终于提出分手。

小何说："我不是嫌贫爱富，也从不拜金，我只是觉得在他身上看不到斗志和希望。我不介意他没有钱，不介意他家徒四壁，可是他不能一辈子这样下去啊。我不介意他年轻的时候穷，我介意他不曾改变，一直穷下去将来该怎么办？"

03

她愿意陪你吃苦，愿意舍弃高级餐厅省钱跟你吃街边的麻辣烫，愿意不买商场里的品牌名款而去淘宝选择几十块钱的衣衫，愿意跟你住在租来的屋子里面对简陋的床和斑驳的墙，她是为了爱情。可是你不懂，这份爱，最初是带着期待的。

她想和你为了前途奋斗，想把租房过渡到拥有自己的房子，想不再穿夜市上淘来的穿几天就变形的T恤，想和你过有钱、有时间、有希望的日子。

如果你自己都不为了未来努力，怎么有资格说要跟你分手的女孩子是因为你没钱？她不是嫌弃你没钱，她是嫌弃你没钱还不好好努力。

那么，你还有什么理由去懒惰和不上进，还有什么理由不去拼搏，还有什么理由继续穷下去呢？

04

年轻的时候，穷是正常的。情人节舍不得为女朋友买一束比平时贵出十倍的玫瑰，没关系，你才毕业没多久，等以后挣钱了再买就可以；吃不起西餐厅的牛排，连团购的双人套餐都要考虑好久，没关系，等以后有钱了会经常来吃的；公司聚餐AA制的时候，总是觉得难为情，想尽办法说自己有事情开溜，因为囊中羞涩，即使AA制也是一笔很大的开销，没关系，等你升职加薪之后就不会了。

年轻时候的贫穷，甚至都不用你给自己找借口，别人都能主动理解你宽慰你：没关系啊，来日方长。

可是年长之后呢？你上要赡养父母，下要养家养孩子，你还要一直继续穷下去吗？别人会说你好吃懒做不思进取，这么多年毫无长进，居然一直固步不前。

你不是为了旁人的闲言碎语而活，可是你不得不承认他们说的是有道理的。

你没钱，你的爱情就会受到别人金钱的考验；你没钱，你的家人生病的时候就会受到医药费的考验；你没钱，你的孩子将来就会受到进不去更好的学校的考验。

即使你不恋爱不结婚不生子，你自己难道就喜欢在出租屋里玩一辈子的游戏吗？

而这一切，很大一部分原因将是你年轻的时候不奋斗造成的，年轻的时候不努力，年长的时候会活得更加费力。

05

年轻，是最好的时光，有时间，有激情，只要你肯付出，机会非常多，就看你能否抓得住，能否好好利用自己的时间。

不能拼爹，不能拼家庭条件，就只好靠自己，晚睡的时间不要看韩剧玩手机了，去网上听听专业的视频课程；早晨不要睡到太阳晒进来了，早点起床想想一天的工作计划；想办法拓展下新客户新业务，想办法在工作之中学东西，工作之外找机遇。

你暂时不能换iPhone（苹果手机），但你将来要有随时换iPhone（苹果手机）且眼睛都不眨的能力；你可以为了环保、为了停车不方便、为了简单而乘坐公交地铁，但是你也要努力去挣得随时能买车作为代步工具的能力；你可以喜欢享受在家做饭吃饭的温馨，但当你妻子说哪个同事发现了好吃的法国菜，你可以毫不犹豫地订下位子给她一个惊喜；你可以暂时花着父母的钱，但你要去努力让你的父母在刷卡买东西的时候不那么心疼，因为他们知道你有这个能力。

我们的学习和工作，都是为了更好的生活，无论物质方面的，还是精神方面的。

年轻的时候可以容忍自己的贫穷，但是你要知道，穷下去对你不会有任何好处，你要做的，是努力让自己不要一直穷下去。

# 自己挣来的钱，才是安全感

01

什么才能给你安全感？

这是前不久一个好姐妹艾琳问我的话。

问我这句话的时候，艾琳打算跳槽，去一家薪资待遇更好、办公环境更宽敞的公司，做管理部的主任。

在她辞职之前，她曾很多次征求我的意见，她新买的房子要装修，家里有女儿要照顾，彼时，也是她与老公吵架冷战的第六天。

我们坐在咖啡厅里，我听她说了很久，她的语气里满是失望和落寞，她没哭，她说，她很久没哭过了。

艾琳的老公家庭条件不错，他们现在住的房子位于市中心，按照艾琳的说法，存款也很可观，去年一家人还去了欧洲旅行。在任何人看来，这都是幸福得让人羡慕的家庭。

事实不是这样的，艾琳说，不是这样的，家务活是她的，看孩子也是她的，她的老公只负责光鲜亮丽的潇洒人生，想表现一下父爱的时候就逗逗女儿，不喜欢的时候就去玩游戏。他对父母的话言听计从，每个月的工资拿出一半来孝敬他的父母，艾琳却从没用过她老公的工资卡。孩子的外婆帮忙照顾孩子好几年，也未见这个女婿上心过，反倒是从不看孙女的奶奶，得到了她老公的孝敬和尊重，果然亲疏有别。

艾琳心理上的不平衡达到了极点，以至于她在不得不辞职的时候，顾虑重重，整夜失眠。

艾琳的辞职，是因为她们公司内部分化严重，她的直属领导受到了排挤，连累她也被穿小鞋，她当时的状况，要么离职，要么继续忍耐，然后离职。

她纠结的原因是，一旦离职，自己便没有了经济来源，社保需要自己掏腰包，信用卡需要动用存款去还，她特别不安。

我说，你没必要这么紧张，暂时休息一段时间未尝不是好事。

可是她的焦虑仍然没有得到缓解，她的老公不能给她一丝一毫的安全感，只有自己的经济独立才能给。

她工作的时候，尽管忙碌又疲惫，可是看着自己银行卡上的数字不断增长，觉得很踏实，她不必担心房贷没法还，不必担忧社保会断。

我其实很想说，你可以让你的老公帮你还一部分信用卡，让他出一部分钱帮你交社保，你不必如此焦虑，车到山前必有路。

但我想，我的建议起不到任何作用，她老公给不了的安全感，我的安慰更给不了。

我只能建议她在辞职的过程中一边交接一边投简历找工作，房子装修的事情让她老公多帮忙处理，然后用新的工作挣来她的安全感。

多日之后，她告诉我，她决定去刚开始说的那家公司，做管理部主任。

如果钱能给你安全感，那么，你一定要努力多挣钱，相信自己的直觉，然后实现它。

02

同学的姐姐C，曾是我们这一群人中嫁入豪门的典范。

她结婚的时候，刚满25周岁，正是青春里最好的时光，她的丈夫在这个城市的商圈里有着不容小觑的地位，大家族风范，婚礼场面壮观，奢华非凡。

我们纷纷称赞C命好又幸运，从此锦衣玉食高枕无忧，开启了新世界的篇章，羡煞众人。

只是无人想到，好景不长，C的老公工作成狂，一朝过度，诱发脑溢血，C与他一天不见，竟成永别。

同学说，C当下昏倒，醒来之后顿觉此生无望。

我问是怎么回事，同学说，豪门总不是那么好嫁的。

C自从结婚以后，婆婆直接训示，大意是他们家属于名门望族，媳妇儿不必抛头露面，在家插插花泡泡茶晒晒太阳就好，还有最重要的一条，就是生儿育女，当然，生儿是重中之重。

C本来是有工作的，心想已经嫁了，干脆就拿出点为人妻子的姿态来吧，于是狠心辞了职，过起了旁人眼里羡慕的少奶奶生活。

收拾家务有保姆，一日三餐有厨师，别墅的院子里还有修剪花草的园艺工，C不知道自己能做什么，干脆就跟厨师虚心请教，寻思为下班归来的爱人做一顿爱心晚餐。这点倒是讨了婆婆的开心，说这才是身为妻子应该做的事。

同学说C的婆婆从一开头就对C不满意，如同每一个大户人家的婆婆一样，她也主张门当户对的联姻，谁承想她的儿子在结婚这件事情上很坚持，拗不过，只好妥协。可即便她同意C进门了，依然没有好脸色。

每天想着法子讨好婆婆倒成了C人生中的头等大事，即便这样，C的婆婆也还是不断地找麻烦。有一次她下楼，走到最后一层楼梯踩空，脚脖子一崴整个人就坐在了地上，毕竟年纪大了，一时半会儿缓不过来。C那会儿正好在自己屋子里看书，听到惊呼声赶紧跑了出来，又匆忙叫了救护车。

折腾了一天，医生说脚踝崴伤，需要敷药静养，其他的没什么大碍。C的老公放下手头的会议赶来，婆婆一边用纸巾擦着眼泪一边说：有个媳妇儿在家跟没有一样，看见我摔倒也不第一时间跑过来，冲着钱嫁进来的女人果然是靠不住的。

C刚要解释，就接收到老公看过来的复杂目光，她一下子愣住了。C的老公眼睛里充满了怀疑，骄傲的C在那一刻放弃了解释，任由房间里的空气沉默。

还有一次，C与闺密们去喝下午茶，拎了大包小包的衣服和鞋子回来，婆婆便在晚饭时当着儿子的面说：自己不会挣钱，倒是花起别人辛苦挣来的钱来那么大手大脚，真不知道是不是因为钱才嫁进来的。

大概也就是从那件事之后，C莫名地感觉到，家里的氛围变了，或许变化一直都在，只是她不曾发现。

首先，她老公不再给她零用钱，而是给了她一张卡，说要买什么就去买。C有些疑虑，却也没有多问，谁让她没有工作，只能依靠夫家呢。

然后，C的老公渐渐地对她再无以前的热情，也不再理会她的小情小绪，十天半个月也见不到人影。C在豪宅里无聊得要发了霉，偏偏脱离社会已久的她，想要重回职场都力不从心，何况，她过惯了睡到自然醒的生活，实在不想回到需要她独自奋力厮杀的战场。

于是，C重复地过着这种无聊的日子。同学说，C的老公只让她刷卡，分明是想监控她花钱的去处，分明是不给她任何藏私房钱的机会，这种不信任迟早会害了她。同学劝她，要么与丈夫沟通，要么就离婚。

C不听，说离婚让她没有安全感，等有了孩子就好了。

说来奇怪，C婚后一直没有怀孕，哪怕她婆婆万分期待，她自己也十分注意，但就是迟迟没有。

正在她纠结要不要去看医生的时候，她的老公就得了脑溢血。

走得很快，以至于她都没来得及告别，也没来得及问问她老公如何安置她。

有钱人家的遗嘱，大概在身强体壮的时候就立好了，C老公的遗嘱里，财产均未留给她，连一笔钱都没有。

即使签了婚前协议的其他人，也不该落得如此结局，C就像一只在温室里待宰的羔羊，惊恐万分。

她几乎想不起来她老公是为了什么娶她的，好像是说她听话懂事，好像是说她不看重他的钱，好像是因为爱情。

可什么样的爱情会有如此强烈的防备心，C大哭，彻夜难眠，到最后已经哭不出来了，她的婆婆要她离开。

她转眼间就从人人艳羡的灰姑娘变成了被豪门遗弃的寡妇。

普通人家靠不住的，豪门同样靠不住，你以为嫁个有钱人就万事大吉了吗？傻女人啊，都不知道给自己留条后路。

她老公或许喜欢她的美貌动人，或许需要她传宗接代，可是显然，他对她存在着很多的防备之心，以至于最终都没为她做过任何打算。

苦了把一切安全感压在老公身上的C，最终人财两空，成了被放弃的豪门遗孀。

从上学的时候，我们就在背诵“经济基础决定上层建筑”，没有经济来源，你就没有任何的话语权。

03

我有个女同学，在自己单身的时候，在我们还是月光族的时候，她就用毕业之后自己攒下的积蓄，付了首付，按揭买了一套房子。

别的同学问她：结婚的时候找个有房子的老公不就好了吗，何必自己辛苦还房贷?

女同学说，万一将来她结婚有了孩子之后，需要她做一个全职妈妈，她这套房子可以租出去，租金可以让她不那么窘迫。

女同学想得很长远，假如她不得已成了一个家庭主妇，那么她还有经济来源，不至于在男人气头上说出“家里的钱都是我挣的”的时候，灰头土脸。

一个男人再爱你，你都没办法保证他不会说出这种话。

将安全感寄托在他人身上总是不牢固的，过度的依赖反而会制造更多不稳定的因素。女人要自己多挣钱，这会让你物质独立的同时，精神层面也相对独立。

如果自己挣来的钱能给你大部分安全感，你就努力去挣钱，挣你自己可以支配的钞票和生活。

# 你连早起都做不到，还说梦想遥不可及

01

下班回家的路上，收到闺密发来的多张照片，照片里，她戴着鸭舌帽，一身小牛仔装备，黑发披肩，细眉粉颊芙蓉面，红唇万种风情。

我唰唰唰地回复几个花痴的表情过去，连连赞她，小妮子真是越来越美了。

闺密最近在坚持减肥和健身，原因是几个月前的一次体检，医生说她亚健康，体检报告里出现了一些小问题，接着，她连续吃了两个月的中药。

吃药让她苦不堪言，本就是娇气任性的小女子，一时间不免有些心灰意懒，便自行中断了疗程。

我当初劝她，良药苦口，这个时候不能逞强，虽不是什么大问题，谨遵医嘱也还是好的。她说，整天吃药病恹恹的，实在没什么意思，干脆不吃了。但她也没有放弃自己，中医从根本上调理身体，那她也从根本上自我治疗。

她认为原因出在缺乏锻炼、作息不规律，以及压力太大上，于是先从加强运动开始。

她早晨六点多就起床，去小区里跑跑步，中午会跟同事一块儿在会议室跳跳“郑多燕”，晚上少吃或者不吃，日常用餐也从以前“爱吃的东西绝不放过”的理念，转变为“健康营养，合理搭配膳食”。

更难得的是，她强制自己调整了作息时间，从前明明没有什么重要的事情，宁愿看剧刷朋友圈玩游戏也不睡，一直熬着，熬到实在顶不住，才抱着手机在凌晨两三点睡去。自从开始跑步以后，由于要早起，惊觉睡眠不够，于是勒令自己晚上11点之前必须关机。为了避免自己无法严格执行，她的手机每天只充一次电，电没了，自然也就没办法玩了。

这个方法有效，起码初期她还是需要这种硬性的规定，让自己逐渐养成习惯。她说，熬夜确实是个慢性杀手，让她的皮肤苍老了好几岁，如今不熬夜，没有时间将瓶瓶罐罐的往脸上捯饬，皮肤也变得乖起来，氧气充足多了。

我又重新看了下她发来的照片，阳光明媚，无风，她坐在台阶上，浅笑嫣然，在我看来，如此美好。

我笑她，看来还是病能治人，这目标呀，不是做不到，而是看你有没有决心去做。

她回我，原来好习惯确实让人神清气爽，然后走得更舒畅。

而且，也许会走得更远。

02

忽然想起曾看到过的一个帖子。

一个女生分享了自己的一些减肥健身心得，然后好多读者留言说自己也想瘦，可最终因为管不住嘴，迈不动腿，舍不得躺在床上刷手机的舒适，而使得体重有增无减；还有的询问有没有什么速成的办法，更有甚者说是不是整容抽脂运用高科技了，不然怎么这么完美。

女生回复说，她的减肥之路历经数年，运动健身也是一直坚持，从未停歇，才有了如今的回报和成果，那些口口声声嚷着要瘦要美却没有行动过的人，凭什么说这些来讽刺别人？凭什么认为这一切是假的？你做不到，不等于别人做不到。

人的思想里总是存有偏见，自己做不到的事情，有时候会以为别人也不行，可是她做到了，这应该是一种鼓励和信念，而非你自以为是的谬论。

你从没有早起过，就说黎明一点都不美，初升的旭日赶不上夕阳的光辉，这是不全面的。同样的，你从未努力过，就说梦想是永远也到不了的远方，那梦想注定将你遗落在最深的山谷里，永生不见天日。

03

开始写文章之后，机缘巧合认识了一位前辈。

他已经出过好几本书，其中有两本被知名导演买了影视版权，剧本正在筹划中，我称赞他如此高产又高水准，是不是写作天赋使然。

他说，他高中就开始写作了。

你无法想象，想要实现梦想的人浑身会充满着多大的力量，必修课程之外，他博览群书，不停地做笔记，他写长篇小说，古代的、都市的，他写书评，文言文的、白话文的。

他说，晚上打着手电筒看书，早晨比其他同学早起一两个小时到教室里写文。他需要安静的一个人的时刻，也需要在不影响正常学业的情况下维持自己的爱好。

那是一种怎样的坚持？寒冬酷暑，从未中断，因着梦想成为一个作家，因着年少的心从那个时候就明白天赋不能带来的东西，努力或许可以改变，何况，他还有一些天赋作为额外的筹码。

他后来轻松就可以写出一本二十几万字的小说，因为，他这些年对原始知识做了大量的储备和积累，对这个领域付出了颇多的心血和研究。

04

前阵子陪秦先生去参加一个朋友组的局，认识了一个女强人——慧姐。

我们当时吃饭的酒楼就是在她名下，而她名下的餐厅，何止这一家。

称它酒楼，实在是因为装修风格偏古风，身在其中，觉得每一处细微的地方都雅致非凡。

与慧姐聊得投缘，得知她早年是做厨师出身，那会儿，女人做厨师还不算是很普遍，尽管我觉得现在也不算很普遍，她还是进了这个行业。

她说，做饭，是她的爱好。

在这之前，每逢单位聚餐、家庭聚会，她都能用最快的速度做出一桌盛宴，每次至少六个菜，盘盘精致可口，这是她的成就感。

她说，她当年有一项至今提起来都引以为傲的成绩，那就是一分钟可以包24个饺子，不是馄饨，不是速冻水饺的样子，是褶子很多的漂亮水饺，她的这个成绩在当时整个区都很出名。

我问慧姐这个是怎么练出来的，她说，小时候家里穷，吃饺子是一种奢侈，这便成了她心中的一种信仰，仿佛能吃到饺子才是好日子的开始。

后来条件渐渐好了起来，她做好各种馅料自己包。再后来，开了饭店，信仰又成了工作需要。饭店的资金和地方都有限，她请不起帮工，只能自己加快速度来节省时间，这样，才能多挣一份钱。

饭店打烊之后，她就在厨房里包第二天要用的饺子。冬天的晚上，只有煤球炉子陪着她，她舍不得浪费煤球给自己取暖，便迎着满室的寒冷，不断地挖馅、擀皮、包拢。一个个精致的饺子在盖帘上按排摆好，摆成她无尽的希望。

她的手指因为长期劳累，得了腱鞘炎。

她说起来一身轻松，脸上挂着知足的微笑，我脑海里却呈现她当年忙碌的身影，我想，成功会属于这种人，坚持、努力、不怕苦累，一门心思地想要改变自身现状，为了心中的信仰。

成功不会属于眼高手低的人，懒于改变，懒于起床，冬天怕冷，夏天怕热，春天干燥，秋天有风，一年四季都不适合干活儿，只有被窝是良伴儿。

成功不会属于只想不做的人，脑中念了千百遍，第二天仍旧放不下能多一会儿是一会儿的睡眠，然后那些梦想，就真的像是只在梦里出现过一样，甩甩头，一切也就罢了。

05

在各种段子弥漫的今天，类似“你每天那么努力，也并没有很优秀”“没有梦想是咸鱼，有梦想顶多是一条有梦想的咸鱼”“丑小鸭变成白天鹅不是因为它努力，而是它的父母是白天鹅”之类的自嘲文风各种盛行，这样的话，你听听就好，不要太往心里去。哪怕它是真的，你就要放弃了吗？你就要不去努力就放弃自己想要的东西了吗？你就要安慰自己没有拼爹的命，就只好认命了吗？

自嘲是一件幽默而有自知之明的事情，可生活不是一辈子活在自嘲之中，它还需要你一往无前的勇气。

你说梦想遥不可及，可是你从不早起，你觉得成功都是属于别人的，只因你从未努力。

早一点出发，总是好的。早一点为自己想要的东西而努力，总是带着先见之明的。努力不一定有回报，不努力，就一定不会有回报。

不然，你也早起试试吧，说不定，你的梦想会离你越来越近，说不定，你会提前得到自己想要的东西。

# 控制好情绪是一种巨大的能力

01

Z辞职了。

辞职之前，她和她们部门经理大吵了一架。

事情是这样的，Z觉得本部门的工资偏低，付出与回报不对等，而另外一个工资偏高的部门出现职位空缺，于是Z想到了调岗。

其实凭良心说，Z的部门经理对她高低不错，对于Z的申请，经理从惊讶到默然，后来表示理解，但Z看出，经理是不高兴的。

Z一方面觉得自己于心有愧，一方面又觉得人往高处走是情理之中，工作上谈钱远比谈情怀要务实得多。

经理把Z叫到了会议室，问她："想好了吗？"

Z一看经理那种不打算同意的样子，情绪便有些糟糕，说："想好了，如果不让我调岗，那我只能离职了。"

经理想了很久说："好吧。"

结果还没等Z高兴起来，第二天，经理再度把她叫到会议室说，申请不能通过，公司高层领导表示，此次调岗存在要挟的情况，公司不能有这种风气的存在。

Z一下子激动起来。向上级汇报的时候，为什么要把她的气话原封不动地报告上去？之前有同事调岗，也没见这么麻烦的层层汇报啊？员工有与其他部门之间调岗的权利，肯定是经理从中作梗，才没有让她顺利通过。

Z直接就跟经理吵了起来："你在玩我吗？背后给我捣乱了吧？以大欺小以权谋私有意思吗？想让我走直接说啊，拿什么上级领导吓唬人？"

经理不甘示弱，也是一顿口舌之争，并对Z说："你让我很失望。"

最终，Z选择了离职，同时也删除了经理的各种联系方式。

其实这件事情是可以得到圆满解决的，刚开始说过，Z的经理对她不错，她如果在一开始就跟经理用好态度表明她要调岗的原因和意愿，真诚地解决这件事情，局面要远比现在好看得多。

别忘了，经理是领导，Z是员工，面子要做，态度也要有的，两人关系再好，也别忘记“君臣有别”，用要挟的方式去换自己想要的，显然是下下策。

Z打电话跟我诉苦，我告诉她我的分析。

Z沉默良久，说她那几天遇到了一些事情，本来情绪就不佳，一时没控制好，竟把这种情绪在调岗这件事情中扩大化了，造成了如今这不可挽回的局面。

其实我知道，在Z的心里，是很尊敬经理的，她不止一次跟我提起过，她的经理管理部门很有一套，人也不错。Z说，经理对她失望是应该的，她对自己都很失望。

居然因为没控制好情绪，而毁了一次本可以坐下来好好商量的事情，得不偿失。

情绪的失控，很多时候，都不能给我们带来正面的效果。

每个人都或多或少有些脾气，把握不好，会让事情适得其反。

02

去年8月份，我闺密柠檬拍了套写真，拍写真的店是一个朋友介绍的。

说实话，她对拍出来的效果不太满意，大部分照片还不如她的自拍有感觉，几十张里顶多有三分之一能入她眼，这个比例，一度让她觉得花错了钱，来错了地方。

但是已经到了这种阶段，选完片之后要去洗印了，后悔也无用，再说还搭了朋友的人情在里边，算了，得过且过吧。

她除了等待相册成品，别无选择。

这一等，就是半年。夏天的拍摄，冬天还没接到电话通知，因为她自己对那些照片不甚满意，再加上工作生活忙起来，便忘记了这件事情，等她重新想起来的时候，已近年关了。

柠檬给写真馆的工作人员打电话问相册好没好，工作人员要了她的姓名和预留电话，终于查到她的相册、海报、摆台等一系列成品早就已经好了。

柠檬问工作人员说：“为什么没人打电话通知我？”

工作人员回复说：“不知道。”

柠檬很生气，我陪她去拿相册的时候，她语气有些不好地重复之前的疑问：“你们为什么不通知我来拿相册？选完片之后不是说成品出来会给我打电话吗？”

前台是个小姑娘，一脸无辜的样子说：“我是新来的，不知道。”

“不管新来的后来的，你们不是都应该交接一下吗？”

小姑娘“哦”了一声，便不再理会我们。

柠檬虽然生气，却也不想为难一个小姑娘，心想她也许确实不知道，便也没再问什么，然后检查了下套系里的东西，发现少一个水晶挂轴。正好有个大姐赶了过来，问我们怎么回事，柠檬说你们长时间没通知我来拿相册也就算了，为什么还少一个画轴呢。

大姐解释说，不会少的，可能是东西太多，不知道给掩藏到哪里了。

我说，你帮我们找找吧，另外还有电子版的。

大姐说，她需要找一找电脑里的存档，等她找到画轴，我们再来拿的时候，连同电子版一块拷回去。

柠檬叹气说好吧，左右还得再来一趟。

这第二等，又等到了二月二龙抬头。

依然没有接到任何电话，柠檬只好再次打过去问，前台又重新核对了她的名字、预留电话，甚至邮箱。

于是，柠檬又一次跑去这家写真馆，拿了水晶挂轴之后打算拷回电子版，结果被告知，他们此时太忙了，电子版会直接发到她的邮箱。

身为服务行业，顾客花了钱，却没有得到应有的尊重，这恐怕说不过去吧。

柠檬彻底愤怒了，说你们到底怎么做事的？能不能有点办事效率？工资都是白拿的吗？不知道自己的职责是什么吗？你们到底是干什么吃的……前台的姑娘一边唯唯诺诺地听着，一边说对不起，最后保证说马上帮忙找。除了相信他们别无办法。

柠檬终于收到了电子版照片，下载，打开文件夹，浏览照片，除了仰天长叹真的不知道用什么词语来形容了。他们传来的和入册的照片完全不同，柠檬怀疑这是他们之前删掉的不能入底的废照。

柠檬打算再骂一次，她男朋友拿过她的电话说他去解决这件事情，让柠檬不要管了。

柠檬说，她男朋友打了不到两分钟电话，没过一会儿，就收到了重新发来的电子版照片，这次终于对上了。

柠檬总算是心情好了一点。

柠檬问男朋友电话里讲了什么，她男朋友说，他让前台找来了负责人，然后把事情大概讲了一遍，让负责人无论如何半个小时内解决这件事情，不然就请退款赔偿。

负责人电话中立刻表示其他事情先不做了，他亲自去给找电子版照片。

柠檬的男朋友告诉她，在那里生气是没有用的，前台可能确实是新来的，对于之前不是自己经手的事情，是不会放在心上的，顶多帮忙催一下。对前台发脾气，人家可能听着也不反驳，可能也说对不起，但依然不能最快速地让柠檬得到想要的结果。而且这种情绪让柠檬整个人都陷于一种烦恼的状态，伤身伤心啊，划不来，不如暂时把情绪收起来，找到能解决事情的那个人，把事情先解决。

后来负责人特意打来电话给柠檬道歉，柠檬也觉得自己之前的话太过咄咄逼人，便说没关系。她男朋友倒是笑着接过电话，对那头说："谢谢你很快帮我们解决了这件事情，其实我有个建议，不知道你是否愿意听一下？"

电话里的负责人很快回道："您说。"

柠檬男朋友说："新人和老员工的交替是每个公司每家店都会经历的，做好交接工作这是最基本的要求，工作效率可以大大提高，你们可以尝试着加强这方面的培训，避免下次再出现这种情况，客户生气，你们也浪费时间。"

写真馆的负责人连连称是，说正在改进中，多谢先生体谅，如此云云。

我听柠檬说完之后，觉得她男朋友的处理方式是极好的。

有权利发脾气而不发，是为"得饶人处且饶人"，亦可称作修养。

诚然对方有不对的地方，然而情绪爆发、言语过激也并不能立刻就得到应有的回应，反而加深了柠檬的气愤和负面情绪，工作人员对她过激的语言也会觉得不满，柠檬除了更加生气，别无好处。

不如想一想如何才能解决矛盾，再想一想哪种解决方式最能让自己心平气静。

03

前一阵我们买房子，给我们办理贷款的银行工作人员陈先生，让我很是钦佩。

他做事情十分有条理，需要我签字的地方，每一页都指出来，然后告诉我为什么签字，有哪些我需要注意的地方；需要我准备的资料，他在一张纸上列下来，再告诉我去办理这些资料的地址。

我当时顺便以公司的名义申请了一些别的业务，已经不在房贷范围之内了，但他该嘱咐我的点一个不少，省去了我很多麻烦，我甚至觉得这是我有史以来办手续最便捷的一次。

我发现他的情绪非常稳定，在我办理业务期间，有其他客户来找他，一无所知地问了一遍，他一点不耐烦的样子都没有，并且始终逻辑清楚，态度温和，没有不屑也没有戾气。

不急不躁，是一种良性情绪。

我们都知道，在外开车，最忌超车抢道，很容易发生交通事故，而交通事故中有很多都是因为一时之气。超我车？反追让你知道什么叫速度！抢我道？我凭什么让行？还别我的车，我一定要别回去！

甚至实在无法避免不小心剐蹭的车主，因为双方都带着情绪而大打出手，最终后果不堪设想。

出现意外谁都不想，尽快协商好责任并解决，才是将矛盾最小化的根本，才能将不良情绪降至最低。

人在吵架生气时的智商为零，这股怨气直接霸占了智商的所有标值，人在愤怒的时候只想着图个嘴快，却不知道负能量爆棚之后，最终伤身伤心的还是自己。

所以，首先控制好自己的情绪，别让情绪成为你处理事情的拦路虎。其次，要明白，你之所以有情绪，是想要得到一个什么样的结果，朝着这个结果去努力，发脾气没有用。

04

情绪是人对客观现实的一种特殊的反应形式，是对客观事物是否符合自己需要而产生的心理体验。良好积极的情绪能够成为事业、学习和生活的内驱力，而不良消极的情绪则会对身心健康、人际交往等产生破坏作用。

那么我们应该如何控制住“体内的洪荒之力”这种不良情绪呢？

一是先问问自己这件事情是否值得生气。

有很多事情，只是因为一些气话或者冲动的行为才将事态扩大，回头想想，得不偿失。

做一件事情之前，我们应该心里有些计较：这件事情所带来的后果是什么，良性的还是恶性的？如果情绪爆发之后，反而比之前更让你糟心和纠结，那么这就是不良情绪，这就是不值得的行为。

况且，任何不良情绪都是伤害身心的，都不算值得。

二是要认识到情绪是可以管理的。

不应该认为我就是这么直白，我就是有什么说什么，或者觉得自己天生不会人际沟通，一开口就是负能量，这是不准确的。

情绪控制在一个合理的范围之内，就是我们说的适度，这样才能有效疏导。

三是弄清楚你为什么发脾气，想要得到一个怎样的结果。

这个因果关系实际上是最根本的，不要情绪一上来就什么都忘了，就想着宣泄个痛快，会造成什么负面影响也不管了，只要一时的潇洒，结果造成不可弥补的后果。

四是自我调适，情商高的人一般都体现在能够有效地调节好自己的情绪。

《礼记》上说“心广体胖”，意思就是情绪畅快时，人会愈来愈舒坦。

我觉得很多人戾气严重，其实是内心缺乏一种信仰。当你内心充实、涵养有素的时候，你其实是会更加宽容，对他人宽容，也对自己宽容。

所以不妨给自己找些想要坚持下去的梦想和动力，让自己充实起来，不要再让情绪控制自己，你要能够掌控它，让它成为你的好帮手，而不是拖后腿的坏毛病。

记住：一个能控制住不良情绪的人，比一个能拿下一座城的人更强大。

# 你很多矫枉过正的自嘲，都是因为自卑

01

有个女孩给我留言，说她有些苦恼。

她最近自嘲情况很严重，有点刹不住车的感觉，这让她很困惑。

我问怎么回事。

原来，女孩最近换了一家新公司，新的办公环境非常好，公司办公楼在CBD，周围吃喝玩乐，咖啡厅、西餐厅一应俱全，停车场里的豪车琳琅满目，附近的每家店都是品牌连锁，连楼下的小超市都是韩国进口食品。

本来，这么高大上的办公环境是很能激励人心的，好的环境也能创造好的心情嘛，女孩自己也觉得不错，看来是人往高处走的样子了。

可是女孩与新公司的同事接触了一段时间之后，痛苦不堪。

同事们十有八九是本市的孩子，条件优越，家里房产好几套，开的车也大多是中级以上的车型，早餐经常出入星巴克，晚餐鹅肝配红酒。而这个女孩，来自于农村，房是租的房，车是自行车，她觉得，生活的差距被瞬间拉开，自己在这样的阶级有别里，显得格格不入。

她不知道该如何与同事们相处才能显示出自己并没有低人一等，于是学会了自嘲。

同事说街边新开了一家西餐厅，晚上一块去尝尝，女孩说：哎呀我就不去了，我这种穿着打扮的进去，人家再误会我是来要饭的。同事们都应和着哈哈大笑，倒是没人注意她眼神里的躲闪。

同事们聊起自己的日常开销，有的说工资不够花，买块表就所剩无几了；有的说上个月去欧洲旅行才回来，钱包也是空空的；还有的说最近新买了一套迪奥的化妆品，结果被用香奈儿品牌的闺密鄙视了好久。

女孩只能呵呵笑，同事问她工资都怎么花的时候，她说：像我这种又宅又懒的女屌丝花钱的地方太少了，没钱寸步难行啊。同事们大概都觉得这话没法接，一时气氛有些尴尬。

同事们说现在没有PS的照片都不敢发朋友圈了，女孩说：是啊是啊，我岂止不敢发，都不敢拍了，你看我的额头起了好多痘痘，你看我的皮肤暗黄暗黄的，你跟我比起来简直是仙女啦。可是得到的回应只有一句“也还好吧”，然后就是沉默。

女孩一度觉得自己的人际关系遇到了瓶颈，突然觉得不懂如何与人相处了。

我倒觉得，不是不善于沟通的问题，是她内心过度自卑的原因。

她的幽默自嘲，一定程度上是担心别人知道自己的实际情况之后，会瞧不起她，嘲笑她，她受不了那种别有深意的目光，也无法忍受她臆测的别人背后的议论。如此看来，不打自招是最好的办法，在自己的嘴里说出来，好过别人的揣测和猜度。

她急切地想要找到认同感，急切地想通过这种方式让自己显得幽默大方，真诚不隐瞒，她想用自身的缺点去取悦别人，在别人或多或少的安慰里掩饰她的自惭形秽。

她的自嘲，矫枉过正了。

我们自卑的时候，往往过度放大自身的缺陷，而只看到别人在某个领域超越了我们的优点，导致了心理的不平衡。

这种根源与家庭环境、受到的教育方式、亲朋好友的相处模式都有关系。

比如家庭条件不好，就会格外关注别人对物质方面的需求和评价；学习成绩不好，在总是考高分的同学面前会极度不自信；长得不好看，格外羡慕那些优雅漂亮的女性，感觉人家应该得到宠爱，自己活该无人喜欢；看到那些游历大好河山订机票就像路边买瓶矿泉水一样普通自然的人，内心为自己的钱包和见识少而悲哀；别人琴棋书画样样精通，自己却孤陋寡闻什么也不会。

觉得自己是个loser，遇到喜欢的人不敢追，遇到美好的事物觉得自己不配，遇到工作上的好机会都不敢把握。

自卑，让情绪一直处于不稳定的状态，所以会希望得到别人的关注和肯定，哪怕有的时候是哗众取宠，哪怕需要牺牲自己的形象和面子做代价。

长此以往，会加重自己的孤僻，会更加沉默寡言，不爱与人交往，过度沉溺于自己的世界，这不是一个好现象。

02

我认识一个男生，他的父母在他小时候经常辱骂他，导致他严重不自信，这么多年来一直自卑，不论是上学还是上班，遇到机会的时候从来把握不住，特别怀疑自己的能力。

他怨恨父母，很少回去看他们，仿佛这样，就能掩盖他曾被打被骂的命运。

每次我们开玩笑，只要涉及家庭的话题，他都会格外夸张地说自己：“你们每次发带父母出去玩的照片能不能屏蔽我？毕竟我是没有童年的人。”“原生家庭对孩子的影响太大了，我是现实版教材。”

他说话的时候，是笑着的，语气是自嘲的，面容也是毫不介意的。

可是重复多次之后，众人也从一开始的惋惜、慨叹、安慰转化成了沉默，无言以对。

不是不想安慰他，是实在不知道该如何回应他。

后来，他突然改变了很多。他说他的父亲告诉了他一件事，他初中的时候住校，有一次跟同学打架，不管不顾就推了过去，导致那同学从楼梯上摔了下来，骨折。

同学的家长恼怒至极，要求学校劝退他，是他的母亲游走于校领导和同学家长之间，求情、送礼、说好话，差一点下跪，才换来学校同意继续让他上学。

而他的母亲白天去地里干活儿，晚上就在灯下做手工盒子挣钱，只为了送礼保住他的学业和负责被他推倒的同学的医药费。

朋友大哭，原来在他不知道的岁月里，他的父母一直都在爱着他，那一刻他选择了原谅，原谅没有受过良好教育、认知有限的父母，也原谅这些年一直自卑的自己。

他尝试多与人沟通，他说，大多数人跟他交往并不会用有色眼镜看待他，甚至还会理解他宽容他。

反倒是他曾经过于频繁的自嘲，给别人带来了交流压力。

其实，自卑是人的本能，很多人都有。

适当的自卑能够让人不断完善自己，从而成为更好的人，但过度自卑，则会损害和消耗自己。

所以你要努力去改正这种状态和认知。

首先，知道自己自卑的根源是什么。

比如刚开始跟我诉说苦恼的女孩，她的自卑其实是由于本身家庭条件的不宽裕和物质基础缺乏，以至于她对这方面十分敏感，很怕低人一等，所以做了很多事情来掩饰她的这种恐慌。

但其实，大多数人连自己的事情都忙不过来，是不会成天笑话别人的。而且，你知道，很多条件不错的人恰恰素质也非常高，他们并不会因为你钱少就嘲笑你、不跟你交流沟通。公司也不会因为你家庭条件不好就辞退你，你能应聘成功，必然是有你的过人之处。

你要知道，家庭条件是父母先天给你的，你可以自己去改变，就算不能平步青云也没什么关系啊，只要你努力，日子总会越来越好的，不用跟别人比，跟过去的自己比有进步就好了。

其次，不要拿自己的缺点跟别人的优点相比较，这容易给自己造成巨大的压力。

人家一米六八，前凸后翘，年轻貌美，你一米五几的身高自然是没法比的，那么你不如多读书、多跑步充实自己，让自己拥有更好的身材比例。你已经矮了，就别再胖了，外在已经成型了，就去发展内在吧。

没准你的性格温和、努力上进、不浮躁就是他人所没有的呢？

说不定你有着自己没发现的长处，却成了别人的楷模呢？

尺有所短，寸有所长，而你要做的，是扬长避短。

再者，去做一些能增强自己自信心的事情。

我不信你从小到大没受到过别人称赞，也不信你从未取得过好成绩或者好业绩，只是你自己从不去注意。你要找到自己的闪光点，然后让自己自信起来。

没有人会过分注意你的内心活动，你要让自己和别人平等地交流，不必用过度的自嘲去纠正自己的困惑，你内心的自卑应该由自己去矫正，但不要矫枉过正。

# Part 2

## 愿你拥有选择生活的能力

生活赋予了我们追求更好生活的权利，也需要我们去尽得到之前的义务。你只有成为更好的自己，才能遇见这个更好的世界。

# 成为一个更好的你，真的很重要

## 01

我认识阿和，是因为一次讲座。

公司请了一个行业很权威的人物，在预订好酒店的会客厅里，举行了一场讲座。

那天的讲座规定最晚入场的时间是上午9点钟，阿和是在9点半左右闯进来的。会客厅有两个门，本来他悄悄从后门进来也没关系，并不影响其他人，可是他并没有，他选择了从正门光明正大地进来，一边对正前方讲PPT的教授打了个不好意思的手势，一边却不慌不忙地找座位。

只有我们左手边的座位还空着，我让同事坐到那个空位上，我也跟着移动了下，好方便他坐在外边的位置上，尽量把动静降到最低。

他道了声谢谢，然后挠挠头，似乎自言自语，又像在和我们解释一样地说：今天起床起晚了。

我冲他微笑，示意他开始听教授的讲座。

讲座结束之后我们结伴而出，我才知道他是分公司的同事。原谅我平时记人不清，以至于名字和脸庞总是对不上号。

我之所以对阿和印象深刻，是因为他太爱“说”。他告诉我们，他之所以来参加总部的培训和讲座，是想来看一看大城市的生活。他希望有领导赏识到他的优秀，从而有机会调入公司总部。

分公司所在的城市，属于三线。

阿和所住的房间与讲座的会客厅是同一家酒店，一个十五层，一个在三层。

我问他：就住在楼上为什么你还会迟到呢？

他说，他习惯了自然醒，没有定闹铃。

我很奇怪，自然醒的话，平日上班怎么办？生物钟再准，也有可能会遇到疲惫睡过然后迟到的时候吧。

阿和告诉我，分公司的员工比较少，指纹打卡机就成了摆设，他们从来不会按照朝九晚六的点去公司报到，经理也不介意，总体来说就是去不去公司全凭心情。

讲座之后是员工聚餐，阿和大概是与我们聊得熟悉了，便一直同我们坐在一起。整个吃饭期间，我和另外一个同事，一直在听阿和的辉煌史。

其实也无非就是他能力出众，为公司拿下了几个大单子，结识了几个比较重量级的客户，用他的话来说，就是人脉在手，业绩无忧，其他都是浮云。

但是阿和有他的忧虑。与他一同来公司的人，有好几个已经调到了公司总部，还有的跳槽到了更好的单位，只有他，在这里空有一身抱负无法施展，他想要有一个更加美好的前途，来兑现他的踌躇满志和怀才不遇。

我想了想，问他：你平时不怎么去公司，都干吗呢？

阿和说，就是打牌啊，玩游戏啊，还有与朋友喝酒啊。

我不知道该怎么回复他，如果此时是微信聊天的对话框，我一定会回复一句：我竟无言以对。

其实我很想告诉阿和，虽然销售是靠业绩说话的，但并不是说业绩就是全部，一个更为广阔的天地和优渥的条件，是要你拿很多东西去做等价交换的，综合实力里，包括业绩，包括人品，包括素质，包括涵养，你的一举一动无一不是你的名片。我偶然认识你，就看到你的不遵守时间和全然不顾影响别人的感受，那么你其他时候又是怎么样的呢？

这个世界上并没有那么多的怀才不遇，一定是你某些方面不够好，更好的世界才没看到你。

02

有一阵，网上很流行一个女教师的辞职报告，上面只有十个字：世界那么大，我想去看看。

其实在这句话还没流行之前，我就听D提起过，他说他的努力，就是为了有一天有能力去外面的世界看看，外面肯定有不一样的人生。

D是一个业内的前辈，从月薪三千，到月薪三万，用了两年的时间，然后到今年，开了自己的营销公司。

前辈是对他的尊称，实际上他还不到30岁。我认识他比较早，在我与他打交道的那些时间里，见过他工资不高的时候，下了班还会去夜市摆摊，卖一些女生喜欢的小饰品来挣点额外的收入。

与D合作过的甲方，无一不称赞他办事周到细致。D有个很好的习惯，无论与谁有约，从不迟到，不管是身价千万的老总，还是自己公司的员工，哪怕是他要帮人家的忙，他也从不会晚到，这大概就是所谓的，有任性的资本，却从不随便用。

D当时所在的公司与阿和的分公司一样，人很少，也不按照上下班时间按指纹打卡，久而久之，大家都变得很懒散。D说有些坏习惯，是不能放之任之的，所以，他成了公司里的例外。

他还是按照公司规定的时间上下班，开发新客户，维系老客户，实在没有别的事情做，他就看新闻，研究挣钱的门道和新事物。

很久之后，他有些小积蓄了，也去过很多地方旅游，有一天他跟我说他想去苏黎世逛逛奥古斯丁巷。

我说你现在有钱有时间了，完全可以随时提上行程。

D说，不，还需要一两年的时间。

他后来说的一段话，我至今都记得，他说：我喜欢量力而为的旅行，不要所谓的穷游，我必须在我的经济能力与我要去的旅行地消费情况所匹配的情况下才能去。当我去一个地方的时候，我要看它的文化、饮食、特色，我要住它代表性的酒店，我要吃它的特色菜，我要看到它更好更美的一面，而不是什么都舍不得买，更不是节衣缩食。我必须是更好的我，才配遇到更好的它。

住大通铺的青年旅社和三十九层的五星级酒店，看到的风景是不一样的，遇见的人的谈吐和眼界也是不一样的。

03

我有个姐妹搬了新家。她说，终于不必挤在与人合租的房子里，也终于不用面对斑驳的墙壁和脏乱的楼梯了，她的孩子将来可以进入附近的重点小学，可以与同龄的孩子在小区里无忧无虑地玩耍，可以随时出入小区附近的大型商场，而不是和她一样，住在租来的房子，与厨房里随时可能出现的蟑螂为伍。

她的新房子环境很好，小区里有宽阔的路和地下停车场，绿植随处可见，每一个角落都可以拿来当照片背景。房间视野开阔，从阳台望去，可以看见不远处的海平面，就像当年我们所期待的那样：面朝大海，春暖花开。

她说这些话的时候，没心没肺的样子，只有我知道，她为了更好的生活付出了多少努力。

她那会儿为了拿下一个客户通宵做两版不同风格的方案，困得顶不住了就喝咖啡，最后喝到对咖啡免疫了，她就站起来去办公室外边漆黑的楼道里走两圈，夜深人静只有一个人的楼道让人害怕，很快就醒盹儿了。

她老公也很拼，出差成了家常便饭。但有一点，我是很佩服他们的，那就是不论这条奋斗的路多难走，他们依然没有忘记初心，忙起来很忘我，不忙的时候就好好经营他们的爱情和小家。她会化精致的淡妆，会用团购的票与爱人看一场爱情电影，还养了几只金鱼和一些花。她老公的厨艺很好，我们去蹭饭夸他厨艺的时候，他会憨厚地说：媳妇儿太忙，导致胃口不好，我就琢磨着让她吃点有营养的菜。

现在，他们的生活条件好了很多，节奏也规律了很多，我想，这拼搏之后所有的好都是他们应该得到的。

04

不抱怨只埋头勇往直前，是一个传说中的短语，不是人人都能做到，但也不是谁都做不到。你要一个更好的房子，要一个更高的平台，要看不一样的世界，你不努力成为更好的自己，你想要的永远不会有人给你。

生活赋予了我们追求更好生活的权利，也需要我们去尽得到之前的义务。你只有成为更好的自己，才能遇见这个更好的世界。

这个世界有很多面，你所在的位置，看到的只是很小很小的一个点，沧海一粟，你想要看到更精彩的世界，先要成为更好的自己。所以，成为更好的人真的很重要，你只有站在更高的位置，才有资本对更美好的世界说：Hi，I’m coming。

# 你的世界，
# 由你内心而来

01

前几天去客户那里开会，听对方讲了这样一件事。他去英国旅行，在英国的地铁上与一家三口毗邻而坐，对面是一个白发老妇和一个年轻的男孩。

男孩大概太困了，一直打瞌睡，手机一不小心从手里掉了下去。男孩惊醒之后可能觉得不好意思，低头捡起了手机，然而没几分钟，又睡着了，如此，手机掉下来了好几次。男孩身边的老妇露出调侃的笑，旁边的一家三口也窃窃私语，说这么困还出来干什么，多丢脸之类的话。

客户说，依照他的留学经验来看，这个小伙子应该是去打工，很可能是他的第二份或者第三份工。就算不是，这又有什么可笑的呢？

同一件事情，那几个英国人尚且是一国同胞，他们看到的是这个男孩的不体面，而我们的客户先生看到的却是一个年轻人可能由于努力而疲惫的样子。

客户讲这件事情的缘由是因为他方与我方在方案上有了分歧，秉着去芜存菁友好合作的原则，我们岔开话题聊了会儿别的。

我在做会议纪要的笔记本上，写下这行字：你是什么样，你的眼界就是什么样，你所看到的世界也由此而来。

这让我想起曾发生在我身上的一件事情。

02

三四年前，我因为要离开北京，向当时所在的公司申请离职，主管挽留未果，于是跟副总特批了允许我在家办公。

这无异于是一个令人振奋的消息，我一嘚瑟就在空间里发了个状态。

在我发完状态不到五分钟的时间，我一个女同学就跑来问我什么情况。

我告诉了她。

然后就引发了一场结束我们同学关系的恶战。

她先是用讽刺的语气跟我说："哎呀面子这么大，你们老板很器重你啊，怎么对你格外照顾？"

一顿巴拉巴拉之后，又跑到她自己的空间发了一条说说，原句我忘了，大意是："某某怎么那么能装，多大点事也值得炫耀，太虚荣了，有什么了不起……"

我那会儿的脾气没有现在这样好，直接就和她说：请你有多远走多远。

然后就把她拉黑了。

本来我真的不是很注意她，权当一个普通同学，这件事情之后，我回想了一下，貌似她还挺关注我的。

在发生这件事之前，我还没开始玩微信，有什么心情就发在空间里，我不更新状态的时候她都会来我空间，我稍一更新，她便一天数遍地来：我买了车，她来问什么牌子多少钱，然后跟我豪言壮志要买什么什么车；我谈恋爱，她来问我男友多高啊、帅不帅、做什么工作、有没有照片、一个月挣多少啊；我上班，她来劝我别上班，家庭孩子最重要，问题是她劝了我之后自己却发表言论说想上班……

再比如我开玩笑地发一句"不给老婆准备红包的男人不是好老

公”，隔不了多长时间她立马就发一个“老公给我准备了一个大红包”，然后配张红包的图。

我相册命名糖果色，她就命名咖啡色。

所以她成功引起了我的注意。

这样的例子我还能举出几十个来，实在不是我想多，而是太过明显了。

你看，她关注的就是与我相对比的世界，我甚至还想这难道就是传说中的羡慕忌妒恨?

然而我是多么平凡的人啊，与我相比有什么意义？她无非就是希望我过得不如她，见不得我比她得意。

可是同学，我眼里的风景从来都没有你啊。

03

另外一个女子，是我多年前在尚未倒闭的第三极认识的。

我叫她泡芙小姐。

因为我们熟识了之后，她每次都带泡芙给我吃，她自己亲手做的，酥脆的外皮，中间加的是抹茶味的奶油。

关键是泡芙小姐不但会做泡芙，还会做马卡龙、提拉米苏。更关键的是，泡芙小姐写得一手漂亮的小楷。

她简直是我的女神。

那会儿我还上学，在我听着“难道爱一个人真的有错吗”这一类网络流行歌曲的时候，女神已经在听贝多芬交响曲了；在我还不知道炒菜要怎么放油盐酱醋的时候，女神已经把日子过成诗了。

多么精致。

于是，我下定决心要去改变，多读书，多了解外面的世界。

这也一度成为后来我热爱烘焙的动力。

也是在那一年，我一个人去了大连旅行，回来之后还特意写了篇关于大连建筑的文章。

后来女神要出国了，临走时她特意约我出来说：“妹妹，我要去看看外面的世界了。”

她送了我很多书，她说如果看不到现实中的广阔，就多看看书里的广阔。

04

你看到的只是柴米油盐锅碗瓢盆，整天还嫌弃这个妒忌那个，那你就只能做一个家庭妇女；你看到的是孩子的进步老公的优点，你就有可能成为贤妻良母；你把普通的一道菜做出好几种花样来，照顾孩子的同时也把自己捯饬得气质优雅，那没准你就慢慢修炼得上得厅堂下得厨房了。

而如果你看到的是宇宙万物，你会觉得身边琐事渺小，红尘俗世都是自寻烦恼。

你善良，就会觉得这个世界上还是好人多；

你空虚，就会专门去挑别人的缺点来对比自己的优点从而找到优越感；

你忌妒，就会希望你关注的那个人处处不如意，处处比不上你，这样，你才能找到安慰；

你羡慕，就会努力改变自己，想去成为像对方一样优秀的人。

你眼睛所看到的地方，直通你灵魂深处，映射出你潜意识里的观念和思想。

这些思想或导致你成为不好的人，或促使你成为更好的人。

网上有句话说：一个人越缺什么，才会去晒什么。

后来有人反驳说应该是这样的：一个人越在意别人晒什么，说明自己内心越缺什么。

一个人内心是缺失还是丰富，从他对别人别的事情的态度上，多少是能看得出来的。

正因为你本来就是这样的人，你才会用这样的态度跟看法去评价别人。

你的眼界，就是你所看到的世界。

你看到的世界，由你内心而来。

# 你要有把日子过成诗的能力

01

前阵子一个和我关系很好的姑娘跟我说："你太气人了。"

我摸不着头脑，问她："怎么了。"

她说："你的 QQ 签名啊。"

于是我点开自己的 QQ 资料看了一下，上面写着八个字：精致生活，优质睡眠。

好友说：精致生活我没有，优质的睡眠也没有，你还来气我。

好友最近心烦意乱，工作中部门领导派系纷争，城门失火殃及池鱼，她并没有幸免；婚姻里与爱人争吵过度，爱情失衡，心灰意冷。

于是，我们隔三岔五就出来聚一聚，除了插科打诨侃天谈地抱怨生活，还会互相灌输一下如何把日子过好的经验。

其实我的QQ签名是几年前的了，之后便再也没有更改过，我记起写这个签名的初衷，顺便又想起了很多故事。

写这个签名是因为我当时认识了一个女子，我很喜欢她，她的性格非常好，不骄不躁，待人温和，却又有自己的原则和立场，并不人云亦云，也从不跟风随流。

暂且称呼她为倾城吧，她把她的日子过成了如诗一般的倾城色。

倾城爱看书，特意留出一个房间做书房，中外名著，各种小说杂志，我甚至在她的书房里看到一本《圣经》。

倾城的房间是欧式装修风格，像她的为人一样，大气、有质感，阳台上腾出一块位置，养了一些花，栀子花、君子兰、金橘，在她的书桌上，还有一个小小的仙人球。

她拍很多风景，有时候是一朵花，有时候是蓝色的天空。她自己学修图片，还会配上些自己写的文字。

她自己研磨咖啡豆，在家烹煮香浓的咖啡，学着制作咖啡的拉花和雕花。我有回看她专注而认真的样子，觉得很美。

倾城每周下班之后的时间都是在健身房度过的，她会兴奋地跟我说她的锁骨居然好明显了，还会拍自己练习瑜伽的样子给我看，再不然就是犯花痴地告诉我，在健身房遇见了一个很man的男人，好想去扑倒。

倾城有一只烤箱，很受她的宠爱，她闲暇的时候会做抹茶曲奇，烤几只兔子形状的面包，再用料理机打点果汁或奶昔，她管这叫一个人的下午茶。

有一次，她留我吃饭，亲自下厨做了几样菜，鱼、土豆丝、鸡蛋，很简单的几样菜。

她把鱼做成了松鼠鳜鱼，我光是看她在厨房处理鱼就有半个多小时，我说简单烧一下就好了，这样整起来多累。倾城说不会啊，她享受这种过程，做好之后会有满满的成就感。

她切的土豆丝细致和均匀程度简直跟刨丝器有一拼，与土豆丝搭配的还有胡萝卜丝、青椒丝，颜色和形状错落地搭配开，看着就很有食欲，盛放在盘子里，又撒上些碎碎的葱叶。

她用心形的模具分别煎了两只鸡蛋，放在盛好的小半碗米饭之上。她焖出的米饭，除了白米，还有红豆以及大枣。

餐桌铺着浅驼色、灰白交织的英伦格子桌布，我们要用的筷子，放在月牙般的陶瓷筷托上。

那顿饭吃得我心生敬畏，我就想，一个女子能活得这样精致，骨子里一定有一种柔韧的力量，一定对这个世界抱着无比美好的期待，她内心是丰富的、充实的，不缺乏不缺失。

其实倾城遇见过很多挫折，她的父母在她十几岁时就离婚了，她从大一就喜欢的男孩子成了别人的老公……可是她并没有失去对生活的热爱，她生生在困境中逆转乾坤，把日子过得像诗一般美好，让人自叹弗如。

02

很多时候我都会想，简单一点其实是很美的事情。

我见过太多抱怨生活与琐事缠身的人，我当然不能免俗地也在其中，可我经常会问自己：这是我要的生活吗？我要这个样子的自己吗？答案是否定的。

我一定喜欢一个把日子过成诗的自己，而非一个对生活处处不满意的自己。

心有猛虎，细嗅蔷薇。并不冲突不是吗？无论你是一个什么样的人，你总有柔和的那一面，不如坐下，细细品味生活，享受其中的点滴，看它色彩斑斓，看它温存如昨。

已经识得东风面，就认真享受这万紫千红总是春。

花有很多种颜色，红的、黄的、紫的，遍布在世界的每一个角落，只要时机到来就会开放，它开放的时候，春夏秋冬，都是好时节。

风总是吹得很有节奏，天空那么蓝，阳光那么好，即使阴天下雨，也富有诗情画意。家里干净整齐，房间布置得温馨美丽，一粥一饭，一茶一糕，时光容易把人抛。你总不该嫌弃自己，也不要嫌弃这社会，这尘世的每一点都应该好好享受，不是吗？

开心时就放肆地笑，不开心的时候就擦干眼泪过会儿再笑。深存感恩之心，亦能独自远行。知道谢每一粒种子、每一缕清风，也知道要早起播种和御风而行。

闲下来的时候告诉自己，浮生半日闲啊，何苦用琐事为难自己？像倾城一样，把生活过成诗一般的美好，多好！

# 有规划的人生，幸福感会更强

01

朋友栗子上次与我闲聊说，她很羡慕那种特别理性的人，能够一步步按照规划而活成自己想要的样子，于家人、于爱人、于自己来说，都是一种幸运。

她说这句话的时候，刚在求职网站上投出去几十份简历，她所选中的职位，包括文秘、助理、文员、内勤……并没有任何贬低这些职位的意思，但众所周知，这一类的职位技术含量和专业技能普遍偏低一点。

栗子说，她终于发现，她在职业技能上，一无所长。

栗子毕业之后的第一份工作，是在一家公司做部长助理，主要负责本部门员工的考勤、培训、绩效考核，以及与其他部门之间的沟通。一直做了一年多，她的工资正好够支撑日常开销，却也没有多余的钱供她积攒和理财。

一年之后，栗子觉得生活无趣，她们公司是单休，一周只有一天的时间过工作之外的自在生活，她觉得累，打算离职。她的部门经理挽留她，承诺给她每个月加五百元的工资，并建议她可以往人事部门转，她没同意，过够了单休的日子，于是毅然提交辞职申请。

隔了两个多月的时间，她找到了第二份工作，销售内勤。这份工作倒是轻松了，主要就负责跟踪一些资料与合同的进度，再就是负责销售经理日常订单的一些处理，双休，工资与上一份差不太多。

做了几个月，觉得没意思，于是又提出辞职。

就这样，几年之间，她换了好几份工作，有的是因为同事钩心斗角严重，有的是时间长了觉得没激情，还有的是不满意公司给她安排的工种。但换来换去，都是普通职员，工资也还是原来那么多，没有再增长过。

终于，她遇到一个不错的机会，进了一个挺大的公司，虽然也是比较基础的职位，但升职加薪的空间很大，部门之间也允许转岗，公司还经常组织专业技能的培训，只要努力，不愁没发展。

唯一的缺点，就是要经常加班。

栗子开始还能忍受，后来觉得不堪其扰，又萌生了离职的念头。我记得我当时还劝她，其实她有两条路可以选择，一个是趁着没辞职，先学点比较专业的技能，以后也好能找到同类行业的工作，到时候不至于一窍不通，在职位选择的时候也多一个机会；另外一个就是忍一忍，既然公司支持部门之间岗位的调整，那么她只要做出一些成绩，然后申请调到其他不常加班的部门，也是个不错的选择。

栗子没有听，她说她过够了这种朝九晚六的工作内容，感觉枯燥乏味，想要再次尝试另外的行业。

于是，她又辞职了。

栗子过了一阵子轻松的日子，日日吃喝玩乐旅行聚会，朋友圈里的状态一片歌舞升平，好不自在。

在她积蓄即将花光之前，终于意识到需要重新工作养活自己的时候，栗子才发现，投简历的时候竟然不知道该如何选择，她对着那些高工资的职位望洋兴叹，然后就有了开头她说的那些话。

其实我对她的话是赞同的，太过于任性的生活，不适用于每个人，也可以说，不适用于大部分人。

02

我们工作是为了什么？往远了说，就是梦想，实现自我价值，过上自己想要的生活，然后有能力按照自己想要的方式过一生。往近了说，就是升职加薪，挣很多钱。

频繁跳槽非常不利于职业技能的提升。

一个城市的公司那么多，各行各业，职位不同，分工不同，工作内容更不同，你不停地换行业和职位，会让自己从前在这个行业所建立起来的专业知识、人际关系、人脉资源、工作经验……重新归零。

等于说，你之前的努力都成了无效的，你之前积累的资源都成了“英雄无用武之地”的浪费。因为在新的工作中运用不上，那么新的职位里就等于从头开始，即便你有了好几年的工作经历，你仍然是一个新人、新员工。对于企业来说，他们也不喜欢频繁跳槽的人，因为这说明求职者对企业的忠诚度不够高，他们会担心，在你刚刚上手之后就选择离开，一定程度上会浪费他们的时间和成本。

这会让你的职业生涯得到比常人更多的挑战，再加上年龄、环境等一些客观因素的干扰，往往会给你带来一些挫败感，这种不良情绪一旦滋生，非常容易蔓延，通常会让人后悔当初为什么不在一个行业好好做下去。

长此以往，会把你与其他人之间的差距，拉得越来越大。

所以，跳槽的目的是找到了更好的发展空间和职业规划，而不是把任性当个性，更不是什么做自己想走就走的冲动宣言，你要知道，年轻时候的随心所欲，有可能让你在步入中年之后仍然一事无成。

03

其实不光职业规划，人生中其他的规划也很重要。

比如我一个同学，他在婚姻和理财方面的规划，做得非常到位。

他跟女朋友商量好，先买房子再结婚。有人说，衡量爱情的标准不是房子。但你不得不承认，有房子要比住在租的房子里婚姻质量高一点。因为房产证写了自己名字的家，会更让你有珍惜和装扮的欲望，更让你无后顾之忧。尤其是有了孩子之后，幼儿园小学初中，都要尽量选择好学校，租的房子如何实现这些刚需呢？

我这个同学与女朋友攒了两年的钱，全部拿出来买了一个地段好的房子，小区环境不错，交通便利，学校近便。

然后他把剩余的积蓄，拿出来做了些理财，等到他觉得手头宽裕，没有刚买房时候的紧迫之后，而他与妻子也年龄渐长，心理渐渐成熟，能够做一个合格的父母了，他与妻子商量决定要个孩子。

事实证明，他是正确的。

他和妻子本身都是理智的性子，当他们决定做称职的家长的时候，他们的孩子也是幸福的。因为他们会科学育儿，会合理分担家务，知道照顾孩子辛苦，更需要两个人多沟通交流，在育儿理念上也能够求同存异，从而让孩子成长在一个特别温馨的家庭环境里。

同学为孩子买了份保险，每年往里边存点钱，等到孩子十八岁的时候，就可以取出来，用作他上大学的学费，或者创业的资金，也算是一种强制性的储蓄方式。

你看，人生的早规划，其实是很有必要的。

就像栗子说的那样，于家人、于爱人、于自己来说，都是一种幸运。

无论工作，还是婚姻家庭，或者生活中遇到其他的挫折，你首先要明白，自己要的究竟是什么，调整好自己的需求和兴趣，再选择出发。

出发之后，不要逃避自己的选择，也不要放弃，要通过自己的选择，学到更多的知识技能，从而转化成现实的机遇，比如钱，比如升值，比如房产，比如存款。

想明白自己想要过一种怎样的生活，然后设定一个长期的目标和一个近期的计划，把你想要得到的一点一点分解成阶段性的目标。

假如你要五年内做到一个自己满意的结果，就需要考虑第三年的时候你应该做到什么位置，第一年的时候你应该付出什么样的努力，第六个月的时候你实施了什么样的计划，那么眼前，第一个月你开始要去努力的时候，你首先应该做什么。

长期规划分解成短期规划的时候，可操作性会更强，完成之后会给你带来意想不到的成就感。

04

在网上看到一份调查：兴趣与成功概率有着明显的正相关性。

如果你想要的和你所擅长的，两者是统一的，那么你这条路会走得事半功倍，所以，我一直认为，择己所爱非常重要，这会从一开始就抬高你的起跑线，因为人总是对于自己有兴趣的事情，愿意付出多一点。

生活里，很多事情的次序一旦颠倒，就会出现不同的结局，对于很多人来说，先立业再成家是个明智的决定。

因为年轻的时光里，奋斗和激情成正比，而婚姻里的舒适区，容易让人萌生退意。当然，幸福温馨的婚姻绝对是好事情，但如果没钱没斗志，更没有精神上对等的沟通，就会变成一场折磨。

爱情里，我们都希望遇见一个专一的人；工作中，也应该做一个专注的人。

与其多年后后悔自己当初将所有事情的顺序颠倒，倒不如在一开始，就去计划如何先得到自己想要的。

# 把生活过成
# 自己想要的模样

## 01

上个星期，我用打车软件叫了一辆专车，司机将车停到我旁边。问是不是我叫的车的时候，我整个人是处于一种不可置信的状态的，停在我面前的是一辆BMW，5系。

我很惊讶，有钱人居然来当司机了吗？

真皮座椅坐上去果然质感不同，车载音箱里放着我曾听过无数遍的Bressanone，舒缓，稳重。

司机师傅是个四十多岁模样的男人，挺健谈，问我，是在刚才电话里说的那个大厦里上班吗，我说是的。

然后跟他聊了一路。

我才知道，司机师傅拥有自己的公司，员工上百人，这款车也只是他座驾的其中一辆，他来做滴滴专车的生意，无非就是忙中取闲，自得其乐。

我有些诧异，原来还有这种娱乐方式。

转而又有些羡慕，有钱人的世界果然连找乐子都这么高端有意义。

可是我不得不承认，我的羡慕多于诧异。

在我上学的时候，就曾梦想过买一辆属于自己的车，游走世界，去任何我想去的地方，走一些未走过的路，认识一些有故事的陌生人，在行走的江湖里，感受人生快意。

后来我虽然买了车，却也不太能随心所欲，上班的路上一直在堵，红绿灯不断交替，我这种马路杀手，只能改坐公交车或地铁。

自驾游这种事一年也实现不了几回，钱与时间，都是对远方的限制。

生活会被种种琐碎限制，刮风下雨要及时收回阳台的衣服，而不是对着雨吟诗造句；上下班的路比出去玩的路要走得多得多，日复一日地重复；从前去饭店吃饭是常事，如今研究了中菜和西餐，还学会了用烤箱烤甜点，却仍旧觉得生活不够精致。

身陷于生活琐碎的我羡慕司机师傅什么呢？

大概就是他终于有能力，让自己随心所欲。

上班不必打指纹，不用担心会迟到扣工资，他去得晚是做boss的应该，去得早是自我修养般的励志。他一开口，前呼后拥；他一伸手，鹏程万里。

那天，我想明白了一个真正自由的人，是什么样的状态。

网络曾流行过一句话：成功，就是以自己喜欢的方式过一生。

倒不是说需要多么有钱，而是按照自己的意志，想做什么就去做，不喜欢做什么就不做，有选择的权利。

你看，喜欢的生活，总是在别处。

02

想起爬泰山的时候，认识的一位姑娘。

那年的泰山我跟我闺密用了六个半小时爬上去，其中有一半的路程，是跟这个姑娘结伴而行。

姑娘和我们一样，肩膀上背着装满吃食用度的双肩包，手里拎着一把木质登山杖，不同的是，她的登山杖明显比我跟我闺密的质量好很多。

姑娘是和男朋友一起来的，她男朋友因为家庭富裕，从小养尊处优惯了，觉得用几个小时去爬山太累，不如坐缆车上去，看看玉皇顶的日出就好，也算体会到一览众山小的豪迈了。姑娘不赞同，说那样爬山就失去了意义，坚持用双脚走上来。

于是两人有了分歧，然后演变成争吵，最后不欢而散，男子赌气自己去买了乘坐缆车的票，姑娘坚持用双脚让这场旅行更丰满。

结果中途下雨，她的伞放在男朋友的大包里，她只好脱下外套罩在头上，跑道半山腰的一家店里边吃饭边等雨停，我们就是在这家店里认识的。

我跟闺密一边吃饭一边研究店里的特色包子，地瓜面做的，包子馅儿也是当地的野菜，看起来很接地气儿，有一种乡间的味道。

姑娘突然插嘴说：是不是很好吃?

我点完头才发现是邻桌的她在说话，她笑起来，眉眼弯弯，挺可爱的。

姑娘说，她的家乡有很多这种野菜，她小时候经常吃。

于是我们从包子馅儿一直聊到了姚鼐的《登泰山记》，从眼前的雨聊到了远方的爱人。

决定起程赶路的时候，我跟闺密撑一把伞，另一把借给了她。

于是三人，结伴同行。

于是，知道了她的故事。

姑娘声音好听，面容清秀，是一个网络电台的主播，有十几万的粉丝听众，然而她并不靠这个为生，她正儿八经的工作，是一家当地医院的护士。

我很难把护士这种职业和一个主播结合起来，仿佛两张风格完全不同的油画，想象不出拼在一起是否登对。

姑娘说她平时没有时间出去玩，她去过的地方屈指可数，来爬泰山也是因为突然对旅行有了兴趣，正好这个假期没有排班，才叫上男朋友来体验齐鲁青未了，出来补一个二人世界，没想到还吵了架。

我问她：不会觉得太忙碌吗？会感觉累吗？

姑娘笑得很温和，说不会呀，护士是职业，可以帮助别人，也可以拿到稳定的工资；主播是爱好，朋友们总说她的声音好听，不能暴殄天物对吧，所以也算是资源充分利用。

我闺密说，可是没有时间出来旅行，也很受束缚吧。

姑娘看着我们回答，其实，也并不是每个人的愿望都是世界这么大必须要看看。她很享受目前的这种状态，就像她最近有兴趣来旅行了，那么她不论去哪儿都不是问题，因为有收入去支撑旅行所带来的各种消费和支出，只要寻求到合适的时间，一切再无问题。

并不是什么放下一切的背包客，也不是盲目辞职只为了所谓的自我情怀。

她过的，就是自己喜欢的生活，而不是别人对世界的期待。

只要她想在路上，她就可以找个时间去赶路；她如果不想出发，那就一边做着喜欢的工作，一边做着更加喜欢的主播，这才是她的骄傲和自由。

我觉得，她这种生活，恰恰才是最应该学习的。

不盲目，有主见，用自己喜欢的方式生活，是一件很了不得的事情。

03

我在一个育儿网站上，认识了一个与我家小朋友同年同月同日生的宝宝的妈妈。

她的相册里传了很多她做菜做点心的照片，我觉得这个宝妈真有生活。

她爱好做面包和蛋糕，我当初的烤箱就是根据她的建议买的，我在她那里学到不少育儿知识和生活情调。

她白天上班，晚上回家还要陪女儿读绘本、念英语、画画、下棋，周末会去户外体验生活。我认识的妈妈当中，她最能把日子过成诗，充实得让人羡慕的。

不要说什么减负才是让孩子不输在起跑线上的教育方式，她对女儿的教育，是寓乐于教。她的女儿五岁的时候就能说流利的英语，不但会说，还会写；她的女儿会跟她一起做烘焙，自己揉面揉得不亦乐乎；她陪女儿做手工，写毛笔字，生活充满未知与期待。她的女儿情商非常高，小小年纪已经出落成一个温和的姑娘。

她的生活是丰富多彩的，没有那么多带孩子的紧迫感，她用淡定从容的心态养孩子，她的孩子势必也会对生活充满力量。

她在生活各种角色的转换中，应对自如。

我受她的影响，也走上了烘焙这条路，我发现，面包饼干烤好的时候，满足的不只是口腹之欲，还有内心的充实。

04

我曾以为，生活在别处才是美好的，远方有山有水，有诗情画意有罗曼蒂克，梦幻的、飘逸的、甜蜜的、浪漫的，统统在遥不可及的地方。

可是我最终明白，生活在此处才是最好的。

此处也能够活成自己想要的样子，此处也能够按照自己的意愿来布置。能够把眼前的生活过好，是一种不可多得的能力，这种能力让你充满了喜悦和成就感，让你充分享受当下，期待未来。

米兰·昆德拉说：我们每个人都生存在自我与现实的对立之中，我们都需要在现实环境中实现自我。

想象和现实有着太多的差距，可是你那些想象里的故事，在这世界上，有别人实现了。

与其羡慕，倒不如自己也成为一个这样的人，散发最耀眼的光芒，活成自己喜欢的模样。

愿你，也能过上自己想要的生活，无论物质方面，还是精神方面。

# Part 3

# 迷茫的本质是想太多做太少

我觉得这句话能在一定程度上治疗我的迷茫，我们必须去尝试，尝试很多种可能性，才能找到对的方向。只躺在床上冥想，除了迷茫，一无所获。

# 迷茫的本质是想太多做太少

01

有很多读者和我说过，他们感到很迷茫，不知道该做什么。

有的不喜欢当前的专业，不愿意上课，但也没有为转其他系做准备和努力，整日里在宿舍躺着，刷刷微博朋友圈，打打游戏看电影。

有的辞了职赋闲在家，不知道要找一个什么样的工作，一边担心没有经济来源，一边又毫无职业规划。

有的被家里催婚，既不想将就，又不想继续单着，对爱情充满了困惑。

还有的想减肥，一边担心着越来越胖的身材会找不到男朋友，一边找寻着当地各种美食店。

我觉得这种迷茫，几乎要穿过屏幕朝着我迎面而来。

我有一段时期，也非常迷茫。

就是那种深夜里睡不着，对自己的人生失去信心，白日里不知道该做什么，丝毫看不到未来的状态。我觉得我内心藏着猛虎，不甘心就此平庸下去，不甘心在距离奔三的日子越来越近的路上却一事无成，我无数次告诉自己，这不是我想要的人生。

我有能力啊，我有毅力啊，我非常想努力啊。

可是我找不到方向。

我不知道该怎么努力，我不知道要设定一个怎样的目标，我甚至不知道我的优点在哪里，我究竟能够做什么。

累、疲惫、挣扎、无助、失落……各种各样的负能量，压得我喘不过气来。

我渐渐觉得这样下去不行，千里之堤毁于蚁穴，这些负能量累积起来，说不定会毁掉我。

于是我尝试用很多办法来开导自己，首先让自己心情好起来。

尽量与正能量的人在一起，多和乐观开朗的人沟通，要努力发现生活中美好的事情，想一想关心你的亲人好友。这些都让我的心情变得好一点，再好一点。

当我心情越来越好之后，我就有精力来解决迷茫这件事情了。

我发现，迷茫的根本，是把宏观的人生蓝图和微观的生活场景搞混了。简而言之，就是想了太多关于遥远的未来，而忽视了每一个微小的现在。

我要增强自己的抵抗力，我要提升自己的内在修养，我要写很多文字，我还要学我喜欢的技能。

那么，这就面临一个问题，去做，而不是想。

然后，我开始留意生活中的小事情，定最近距离的目标。

第一，跑步。

我一直认为能够看到清晨太阳初升的人，永远值得被尊重。

当我决定每天清晨早起半个小时用来跑步时，我一度以为这简直能要了我的命。太困难了，尤其是冬天那么冷，风吹在脸上，就像刀子一样，可是我告诉自己，如果我放弃，我就会回到原来的样子，日日重复，郁郁寡欢。

出现在地平线上越来越早的日出，见证了我从一开始的不情不愿到后来的生物钟准时醒，然后精神抖擞地换上运动鞋开始晨跑。

强大的毅力，绝对可以支撑你去做很多事情。所谓迷茫，都是给懒惰找的借口，勤快一点，你才能遇到同样勤快的人。

比如我，跑步的时候认识了一个忘年之交，老大爷六十多岁了，慢慢悠悠地跑着步，耳机里还听着京剧。他能做到，为什么你不能？

为什么我不能？

后来，我订制了一个家庭跑步计划，每天早晨早起半个小时，一家三口围着小区慢跑，累了就停下来走走，很惬意的状态。

第二，做好职业规划。

想明白了自己喜欢在文字这条路上走，那么不如走得精致一些。

购置了一些与自己职位相关的书籍，多看公司所在行业类的新闻，让自己的专业技能更娴熟，做出来的方案更完美，写出来的文章更有吸引力。

第三，瑜伽。

我是女人，所以我知道一个女人的气质有多重要。

倒不是为了让别人看起来舒服，而是我们自己要喜欢自己。我的座右铭就是要去成为更好的自己，无论外貌，还是内在，我都要让自己满意。

当我照镜子的时候，我要喜欢镜子里这个女人，这是我要的气质。

把生活过得很充实之后，我就很少去想那些迷茫不迷茫的事情了。

02

有一年，我想要开一个店，还没开始做，我就陷入了忧虑。

地段选在哪儿？人流量少怎么办？没人买怎么办？投入那么多钱赔本怎么办？万一赔了我这些产品可就都砸手里了。

我有个朋友，正好做我要卖的这个产品的批发，他告诉我，首先，去你所在的城市比较繁华的地段的公交车站，随便选一辆公交车，跟着公交车走走停停，看看周围的环境，看看人群的去向，看看附近热闹与否。坐完这一趟公交，再换另外一趟，然后锁定你看重的地段，再进行房租、客源等方面的具体衡量（如果预算有限，这个顺序要反过来）。

然后，他给我介绍了一个我所在城市的批发商，他们关系不错，所以我拿到了非常好的价格。

我这个朋友跟我说，要做一件事情，不能只停留在想的阶段，你要去尝试、试验，如果这种方法行不通，总有下一种方法。

我的读者应该都知道，我曾写过一篇叫《你不是迷茫，你是自制力不强》的文章，那么现在我想补充一句，你之所以仍然感到迷茫，是因为你的思维没有把身边可行性的目标列入计划，没有身体力行地做好每一件小事。

你不知道找什么样的工作，在家里吃了玩，玩了睡，睡醒又开始玩，是更加不知道的。你要去尝试，谁也不是一进入社会就知道自己要在哪条路上一直走下去的，谁也不能保证一辈子只走一条路，你得投简历，去面试复试，去找工作，你得在摸索里找准自己的方向。

你想与一个爱的人结婚，那么你就坚持自己的观点，坚持两情相悦的感情，决不妥协于现实的将就。同时，扩大自己的交际圈子，相亲不一定遇不见真爱，关键是你得找人谈，在家里宅着等不到Mr. Right。

你要瘦，那就去走路，去健身房，少吃点儿，你一边骂着自己懒，一边怨恨着自己胖，结果还是胖。

喊出来的口号，如果不能落实到实际行动上，都是白搭。

我母亲常跟我说一句话，别整天胡思乱想，该怎么做就怎么做。

我觉得这句话能在一定程度上治疗我的迷茫，我们必须去尝试，尝试很多种可能性，才能找到对的方向。

只躺在床上冥想，除了迷茫，一无所获。

# 不做冷场王，
# 你要学会聊天

以前看综艺访谈节目，常常佩服主持人，既要问些合适不逾越的问题，又要保证不冷场不尴尬。嘉宾不爱说的时候呢，主持人要各种互动各种引导；嘉宾爱说的情况下，主持人就会安静地聆听，时不时地回应代表自己听得很认真。

每次刚聊完一个话题，电视机前的我就不自觉地有些紧张，仿佛坐在那里的是我，心想，千万别出现不知道聊什么的尴尬局面，那样我这个观众都会尴尬了。

事实证明我的担心总是多余，或者我的担心，是因为想到了自己，担心生活中与人相处会遇到这种情况。

事实再次证明，你觉得会遇到的事情，就真的会遇到。

有一年，我换了一份新工作，带上新员工的标签，或许是时间不够，彼此不熟，都一个多月了还没融入部门的氛围里去。

每次与老员工聊天，都好担心冷场。

正好有一天部门领导组织聚餐，大家围坐一桌，好不热闹。

其中一个年长点的同事说：最近新上映了一部很不错的电影，推荐给大家。然后她说了电影名字。

因为当时我已经看完了这部电影，觉得完全没有可取的地方，剧情一般，内容衔接不连贯，并且脱离原著，只有特效还能凑合看一看。

我当时脑子一热，脱口而出：这个电影不好看啊，内容很一般，最好不要浪费钱。

等我说完，大家突然都沉默了，我才意识到把平时在家那种不过脑子的话说了出来。

真的是尴尬得要死。

那个被我的话顶住的同事面色不大好看，我又不知道该怎么去弥补，就愣在了当场。还好另外一个同事及时打圆场，说：真羡慕你们去电影院看电影的人啊，我最近忙得要死都还没去看，回头我也要订票去看看。

其他同事也纷纷附和说，是呀是呀，不要太忙了，都没有属于自己的时间了，关键是身体吃不消，挣的钱不就都给医院了吗，不划算不划算。

于是这个话题就被带过去了，但我总觉得我和那个同事的梁子就此结下了，之后在与她的交往中，对方一直是爱答不理的态度。

你看，我这不会聊天的人啊，轻易就把对方给得罪了。我当时很发愁，到了新公司，你必须要努力去适应老同事和环境，而不是让别人来适应你。

所以后来我想了好久，应该如何提高自己与人沟通的技巧。

首先，聊天时，尽量不要总是说“我”要如何如何，可以试着去问“你”怎样怎样。

人的思维意识里，“我”是个主体，就是总认为自己的观念和感受是最重要的，但是与人相处过程中，每个人都是这种状态的话，那就没有“人际关系”这个词语了，大家都只能活在自我的世界里。

举个例子，A说：“我好喜欢吴彦祖啊，他就是我的男神。”那么你要怎么回答?

如果你也喜欢吴彦祖就好说了，如果你不喜欢，你可能会说：“他有什么好的呀，还不是只靠脸。”

这样，你和A就没得聊了。

你不如换成：“是吧，他的五官是挺完美的，颜值确实很高啊，你的男神很有质感。”

这样你们的话题估计会一路顺畅下去。假如你实在不了解吴彦祖，你还可以顺着这个话题推及明星啊娱乐圈啊电影啊之类的上面，同样也不会伤害你们的相处。

再者，学会倾听。

人习惯于表达自己的感受，喜怒哀乐，都希望别人倾听自己，那么，当你需要一场人际关系或者一个朋友的时候，不妨做一个聆听者。

我闺密所在公司的部门，前阵子实行民主竞选，分离出来两个小组，可以主动推荐自己去争取小组主管的位置。

一个是管理层的主管，一个是技术方面的主管。

我闺密说她决定去争取技术方面的主管位置，因为她给客户做出来的平台，架构合理、信息完善，一度得到她们经理和客户的双重认可。

但是，有一个问题，就是技术方面的主管要比管理层的主管工资低。于是另外一个部门跟我闺密关系还算可以的同事就来说话了："你怎么一点雄心壮志也没有？你整天这样下去还有什么奔头啊，要争取最大化自己的利益，工资高是正事儿，你快别整什么与世无争、淡泊名利这一套了……"

我闺密属于那种慢性子嘴又笨的人，连回复对方都不知道该用什么词儿，那个憋屈劲儿啊，甭提了。

于是找我来诉苦。

以我对闺密的了解，她确实更适合在技术方面发展，她温吞吞又不懂交际也不擅长管理的性格，即便得到了管理主管的位置，也不会有人服气的。

但我这次倒是没有急着发表意见，而是让她把所有事情的经过都说了一遍。

她在跟我诉说的过程中，一边说事情本身，一边说了自己的想法和计划。

她知道，自己在专业技能方面远比管理方面要娴熟，也更有发展空间，她考虑的问题一是自己能否做到，二是自己能否做好。发展空间是凌驾于工资之上的，并非清高，而是不能让自己后悔，也不能让自己的特长浪费。

方向对的仕途，会有后劲儿的，对吗？

使她心情不好的，是她同事看似为她好的“劝说”，但这种劝说除了平添我闺密的烦恼，没有一点用处。

既然道理她都懂，我又何苦去说那些她自己都明白的事情呢？

她自己心中已然有了决定，她需要我倾听她的规划和解释，需要我理解她的抱怨和烦恼，更需要我站在她这边支持她，甚至拥抱她。

我听她说了很久，其间表示了自己的支持，她说，心情好多了。

人都是需要发泄的，如果我像她同事一样挑剌，或者把闺密要说的道理全都给她讲一遍，她的心情依然不会好起来，下次再有什么事情发生，她也不会再愿意与我分享，因为她在我这里得不到想要的安慰。

她想要的安慰，其实就是一场聆听和理解。

理解万岁！

还有，说的时候尽量说一些让人能接得下去的话。

《蔡康永的说话之道》里有这样一段：遇上对方提起了一个你完全不想接的话题，不必急着要抵抗，轻巧地把对方热衷的话题，连接到一个很生活的方向就行了。

当别人说“你看我这个包包好不好看”的时候，你一句“不好看”就会让话题直接终结了。

虽然我们不必让自己变得虚伪，但直白的说话方式，让对方再也不想接你的话茬，这可能就会影响你在对方心中的沟通能力。

就算你真的觉得不好看，对方也已经买了，她需要认可和对她品位的赞同，你如果不能赞同可以把话题往别的方向引，比如：“在哪儿买的呀，你周末去逛街啦？”

有问有答，才是健康的聊天模式。

说白了，我们日常说话，需要分场合、分环境、分人群，也需要分感情的熟络程度。

人际关系中，太直白并不是一件多么好的事情，因为你们的关系有时候可能远没有达到彼此任何真心话都不排斥的地步，即使再要好的朋友，估计也不能忍受一次又一次被批评的那种直白。

当然，那些情商实在低，故意找碴儿的人例外。

真诚的交流，其实是一种尊重，说出来的话应该有温度、带温情，而不是无所顾忌。

与人相处的时候，也别忘记心态平和从容淡定，这样，你说出来的话可信度才高，才更有力量，也更加符合自己的期待，仓促而匆忙的回应会让对方觉得诚意欠缺，自己也会紧张。

我们不做投机倒把的马屁精，也不做人前一套人后一套的虚伪鬼，但在需要自己的场合，还需要落落大方不卑不亢，换个方式表达心中所想，既不尴尬，也不冷场。

# 你见过凌晨
# 4 点的街道吗

01

有一个目前在读大三的男生给我留言，他说他想好好去上早自习，读书背诵英语；他想早起跑跑步，锻炼身体练练腹肌；他想去图书馆多看点书，储备下专业知识能力；他想考研，想提高一下考试的分数……可是他定了五六个闹铃，就是起不来起不来起不来。

他问我，他应该怎么办。

我想告诉他，你要提高自己的自制力，你要找点动力，你要知道学习是为了更好的将来，你都大三了，耗不起。

可是我最终把这些字都删除了，然后重新敲入一行：生前何必久睡，死后自会长眠。

这句话是高二时我的语文老师说的。那个时候，文科普遍不被重视，即使在理科，语文作为主科，地位也次于物理化学的。

语文老师是个温和的男子，很少对我们发脾气，即使生起气来，也不会把学生怎么样，既不会罚站，更没有训斥，班里大多数学生都不怕他。于是他的课，学生们越来越放肆，也因此，语文课上，趴在桌子上睡觉的同学偏多一点。

有一次，他讲课讲到一半，忽然说你们自己复习一下吧，众人当然开心地附和说好的。我看到他沉默了一会儿，然后用粉笔在黑板上写了两行字，就是我发给读者的那句话：生前何必久睡，死后自会长眠。

我当时对这句话大为震动，以至于多年之后的今天，仍然记得。

后来我去搜索引擎查了查，原来是萧红的名言。

那个时候，虽然觉得这句话颇有些禅意，字里行间都透着一种看破俗世的意味，却也并没有努力去实施。所以每当看到宿舍里通宵达旦复习、早出晚归的同学的时候，对她的好成绩只剩下旁观者的羡慕，然后安慰自己，太拼了，我做不到的。

然后我依然过着早睡晚起的生活，日子得过且过，成绩不好不坏。

自以为潇洒随性，后来，很多领域都未到达专业的巅峰，也并不以此为意。

02

真正让我感慨的，是以前的一个同事M。

M来公司只有半年的时间，却在公司的年终表彰大会上拿到了最佳优秀员工的奖章和奖金。

细细想来，这个奖项于她，实至名归。

M的职位需要与媒体打交道，需要与客户做沟通，就是说，不但需要她加强人际关系上的处事能力，还要提高相关专业的技能，因为你不知道什么时候客户就会抛过来一个技术含量很高的问题，也不知道你做的这个数据分析报告是不是合理。

其实你无论是谁，每到一个公司，都等于重新开始，即使你先前从事过这个行业，但每个公司的处理风格和流程都是不同的，那么你照样要另辟蹊径，更何况刚刚毕业初入职场的M。

可是，说来奇怪，她来公司的第二个月，就已经可以独当一面了，主管给她分配了一部分客户和媒体的联系方式及资料，M正式开始拥有自己的工作资源。

部门的任何一个人都很惊讶，大家都是三个月转正，在主管的帮助下，与客户和媒体进行交谈合作，第四个月才能单独与客户进行对接，避免造成什么不必要的失误和麻烦。

因此，背后的议论和闲言碎语多了起来，有人说她是通过潜规则进公司的，有人说她私下里贿赂了主管，还有人说这姑娘太伶俐，见人说人话见鬼说鬼话，不可结交。

我虽然知道，人家为了一个转正机会，不至于如他们所想的那般，M一定是有能力并且做了努力的，但我惊讶的是，她是怎么做到的。

一个月，说起来不算是一个很长的时间。

后来有一次，我跟M一块带着广告方案去见客户，客户路上堵车，我们便坐在对方办公大楼一楼大堂的沙发上，攀谈起来。

我问M：你当时转正的时间那么短，怎么做到的啊？

M苦笑了一声，说，就是努力吧。

M说她来公司的第一个月，每天都是天不亮就起床。

她没有电脑，于是跟人事借了公司的钥匙，黎明之前到，查资料，做分析，将前辈的报告方案排期分析反复研读。笔记本上满是铿锵有力的钢笔字，一笔一画，仿佛要给她画出一个不一样的未来。

就这样，她的专业技能在工作之外的时间快速提升，她与主管约见客户的时候落落大方，有问必答，见地精准，分析得当，没有太多花里胡哨的沟通技巧，能力，是她最大的资本。

我很诧异，她居然来公司那么早，怎么起得来？

M说，她的家乡在一个很偏的山区，她是随着开小卖部的父亲和做清洁工的母亲来到这座城市的，她十几岁的时候，就已经形成了凌晨四五点起床的生物钟。

她父亲的小卖部开在工地上，工人们需要的东西其实也无非就是吃穿用度，没有那么多花里胡哨的东西，所以挣钱也不多。而且工地上的楼房盖完之后，他们就需要找下一个工地，极不稳定，所以她父亲只能想办法多挣一点钱，于是小卖部不但卖日常用品，也卖早餐和午餐。

她父亲一个星期里有五天会在天不亮的时候就起床，然后去偏远但是便宜的菜市场去批发一部分物美价廉的菜，再匆匆忙忙地赶回来，用大锅熬上粥，把一早就揉好的面放在案板上，架好灶台准备煎油条。

她的母亲，算是个临时工，因为要随着父亲小卖部的搬迁而时常换工作。她没什么一技之长，最大的特长就是做事认真，什么活儿都能干，附近好心的居委会大妈介绍了她做清洁工，一个月也能拿到一两千的工资。

M的母亲与她的父亲几乎是同时起床的，无论是寒风刺骨的冬天，还是一早就闷热的夏天。

居委会大妈对M的母亲说，你可以晚点去，不用天不亮就起床，你也不必天天去，看到不卫生就打扫，干净的时候就算了。

M的妈妈说，不能白拿这份工资。

M的父母一切收拾妥当，天也基本亮了，工人们也都来吃早饭了，于是夫妇俩又开始忙碌地给工人们盛粥，夹油条，收款……忙到上午9点多，母亲就开始炒菜，准备中午的午饭。

M说她从小学开始，自理能力已经是同龄孩子的数十倍了。别人的孩子还在温暖的被窝里熟睡，等着妈妈温柔地唤醒再去吃现成的早餐时，她就早早起了床，把租来的房间打扫干净，被子叠好，再帮父母洗洗菜，用父亲早已揉好的面，给自己先炸上一根油条，盛一碟小菜，就算吃了早饭。吃完之后复习会儿功课，父母便陆续回来了，她就准备去上学。

上学之后，对于M来说，早起根本不是问题，当很多同学早晨赖床不起的时候，她的生物钟会准时把她叫醒， 她可以利用这些时间背书、念课文、做习题、读英语，她的成绩在她所借读的学校里，一直保持着年级前三名。

我突然想到那句话，穷人的孩子早当家。

她好成绩的背后，有着无数个寒风凛冽的黑夜，可是她会用她的努力，让自己的黎明早一点到来。

她来公司的第四个月，客户点名要她的分析报告，不再更换对接人。

在现实的社会中，我们常常会觉得不公平，有的人努力了18年，才能和那些衔着金汤匙出生的人坐在一起喝咖啡。可你有没有想过，如果你不去努力，那么18年之后兴许你连一杯咖啡都舍不得买，你还是固守着原来贫穷而落单的样子，在抱怨着命运不公里度过一个个漫长的岁月。

没有所谓的公平，出身无法选择，成绩却可以改变，定了五六个闹铃还起不来，谁也帮不了你。梦想叫不醒你，闹钟叫不醒你，那么，你就不要等到同学们都已经金榜题名的时候或羡慕或忌妒地看着他们，你有机会和他们一样，只是你没努力。

03

今年4月14日，科比用60分的成绩完美退役。

铺天盖地都是他的新闻，我突然想起曾经看过一段记者采访科比的话，是这样的：

记者问："你为什么能如此成功呢？"

科比反问记者："你知道洛杉矶凌晨4点钟是什么样子吗？"

记者摇头："不知道，那你说说洛杉矶每天凌晨4点钟究竟什么样。"

科比说："满天星星，寥落的灯光，行人很少。"

他还说：究竟怎么样，我也不太清楚。但这没有关系，你说是吗？每天凌晨4点洛杉矶仍然在黑暗中，我就起床行走在黑暗的洛杉矶街道上。一天过去了，洛杉矶的黑暗没有丝毫改变；两天过去了，黑暗依然没有半点改变；十多年过去了，洛杉矶街道凌晨4点的黑暗仍然没有改变，但我却已变成了肌肉强健，有体能、有力量，有着很高投篮命中率的运动员。

后来，他成了NBA最好的得分手之一，突破、投篮、罚球、三分球都驾轻就熟，几乎没有进攻盲区，单场比赛81分的个人纪录和3节62分以一人之力战胜小牛队（61分）就有力地证明了这一点。而他的组织能力、防守也都很出众。

他见过凌晨4点的洛杉矶，他后来成为一个传奇。

04

村上春树33岁那年秋天决定以写小说为生，每天凌晨4点就起床，写作四小时，跑步10公里。

几年之后，他步入小说家的行列，他的书，本本畅销。

当然，你不一定需要每天凌晨4点就起床，可是当你想要得到某样东西，想要实现梦想，想要更高的生活质量，想挣更多的钱的时候，你当然应该付出更多的努力。

我无比赞同一句话：大多数人的努力程度之低，还轮不到拼天赋的时候。

我们都曾经抱怨为什么他可以成功我却不行，为什么他擅长我却不可以。我们一边晚上看电影早晨起不来，一边离成功越来越远，大概是我们自己都忘了，我们从未付出过成倍的努力。

你想要的，除了努力，没人能给你。

# 你的问题是什么都略懂，却没有一样精通

微博有个读者私信我说，她报了好几个班想充实自己，有摄影，有会计培训，还有导游证，可是她非常迷茫，每项知识都学到了一些皮毛，但很累，不知道学了这些有什么用，甚至于她近期的工作都出了些纰漏。她觉得，她最初的目的是想让自己越来越好，而这些东西非但没有帮到她，还起了副作用。

我问她从事什么工作，她说，她在一家中学生培训机构做实习老师，教数学。

这个问题，我想了挺久的，不太敢贸然回答她，因为我一向敬畏老师，我觉得，既然为人师表，想必各方面素质过硬，找我问问题，

我有些惶恐。

上个星期，我与一个朋友小聚，聊起这个话题，朋友说，其实很简单，她迷茫是因为学得太多，而能用到的太少。工作中需要的没学，却学了很多工作之外的，难免有些困惑，即使作为爱好来说，也太广泛，每个东西都学一点，不如学好其中之一。

接着，他给我举了一个例子。

假如，你是一名人事经理，需要为所在的广告公司市场部招一名推广人员，现在有两份简历摆在你面前。

一份是这样的：工商管理专业毕业，爱好是烘焙、旅行，会弹吉他，会做简单的html，对于市场推广唯一的接触就是大学时候兼职发过传单。

另外一份是这样的：市场营销专业毕业，曾在一家网络公司实习，做推广专员，与媒体打过交道，熟悉线上推广策略和线下具体操作，爱好栏里只有一个：上手能力快。

那么你会对哪个更感兴趣？

后者对吗？

为什么？专业。

公司不是慈善机构，不会一边给你发工资，一边还从头给你培训，如果能够最大限度地节约成本和时间，最大限度地利用你的经验和技能，那么，它一定不会优先录用看似会很多技能却都用不上的人。

这样，那个读者的问题，就很好回答了，她之所以觉得学习的东西成了拖累，是因为她对这些知识博而不精，没有一样成为专长，也没有一样在工作中用得上。

你作为程序员被公司录用，那么你的摄影技术只是作为个人魅力的体现，说明了你多才多艺，但你的主业仍旧是费尽心思敲代码，修复bug，这两者的主次不能颠倒。

作为一个绘画艺术生去考试，你的数学考了满分，绘画却是不及格，对于你的艺术生涯来说，并不是什么好事情。

你是坐办公室的文员，那你就要对Word、Excel、PPT非常了解并且熟练应用；你是开咖啡厅的，却告诉别人奶茶是你店里的招牌，这恐怕是本末倒置了。

主业之外的东西，略懂好，精通更好，但前提是你的主业已经达到很高的层次。

我曾经有一段时间，为自己的小聪明而感到沾沾自喜，这种小聪明体现在，不论你谈的是国家大事，还是家长里短，是诗情画意，还是柴米油盐，除了股票和世界杯，其他的任何突发性事件或者常规性事件，我都能跟你聊上几句。

你要正儿八经我亦能严肃以待，你要嬉皮笑脸我也分分钟变成“逗比”配合你，基本上，很多话题到我这儿都不会冷场。

我还跟秦先生说，这应该也算一种优点吧，毕竟有些场合只是点头之交，刚开始聊得来也还是蛮重要的。

秦先生说，非也。

所有的点头之交都不走心，一旦走心，深交都是需要互相了解的，博而不精容易将相见恨晚变成大失所望，这种变化会让人觉得，你原来也不过如此。

撇开人际关系不谈，在一些涉及工作、学习、专业的时候，你的略懂最终会败给精通，毕竟精通代表能力，而前者，则只意味着表面。

秦先生说，在其他方面略懂，在专业的领域精通，略懂需要有，精通也需要有。

我当时很不以为然，我觉得知识嘛，够用就好，不一定要像学生时代一样刻苦钻研，事事一马当先也是很累人的。

直到有一次，有个朋友约我打台球。

嗯，我有一个不怎么靠谱的小爱好——打台球，说起来，我的台球技能真是业余得不能再业余了。

到什么地步呢，就是认识这个朋友之后，他知道我会台球，很高兴地跟我说终于找到对手了，哪天想玩了给他打电话，杀几局，我居然好心虚。

我这点水平哪配“对手”这个词呢？我想着对方如果知道我其实半吊子的球技，就算不会嘲笑我，没准也不以为然吧。

最终的结果就是不敢应约，实在是怕丢人。

虽然我未必要通过台球达到一些目的，比如赚钱啊、交友啊之类的，但我居然连一个挑战都无法应对，我想，这大概是略懂却不精通的典型。

哪怕作为一个爱好来说，没有专业技能作支撑，也是很没底气的。

表面略懂的东西，也很少能够给你带来深入的正面影响，因为一旦深入了解，就会发现，那些皮毛都成了空架子，徒有其表，却无法立足。

我曾看到过一篇 Medium 首席执行官 Evan Williams关于互联网公司价值该如何衡量与评判的看法的文章。

他提到，现如今那些报导、投资、建立消费者网络服务的人总是用单一标准来评价网络公司的成败，其实是不准确的。

你不会因为Instagram用户数量超过Twitter，就认为Instagram是一家比Twitter 更大的公司，对吧？因为两家的内容是不同的，前者注重私密，以用户发布照片为主，后者更加公开，以用户想法和思想为重。对初创公司来说，成长轨迹尤为重要。

专业领域不对称，无从比较，各有千秋，各有所长，它们其实都是在自身擅长的领域和方向去发展。

这就能够很好地说明，术业有专攻是一件多么重要的事情，公司品牌战略尚且如此，何况个人的品牌形象树立。

学习知识是为了有更广阔的发展空间，是为了能够在这条路上走得更远，你要学得够精致，才能做到更臻美，而爱好作为附属品，是可以选择的。

专业技能更是如此，你可以会很多，你可以学很多东西，但一定要记得你的主攻方向是什么。爱好可以衍生，主业却是长期发展的根本，如果对主业都是略懂，那么长远的人生规划，就显得相当迷茫。

秦先生跟我说，有些公司之所以能够做大，不是因为它每一个产品都做得完美，而是它有代表性的品牌。

就好比我要买电子产品，一般会选择JD而不是某宝，买衣服，则会反过来。我要看哪个网站在我需要买的东西这方面更专业，对吧？

再或者，我们读书的时候，中文系的一般对文学名著、诗词歌赋涉猎较多，而心理学方面的就会去看对人性、人格方面的与心理有关的书籍，都是先从自己对口的方面入手，是不是？

虽然人要有爱好，要多学技能，要博闻强识，但盲目而过于广泛的爱好，会在很大程度上造成时间和金钱的浪费，却达不到预期效果。

有一些额外的技能是重要的，对很多常识熟知是重要的，跟得上时代信息的潮流也是重要的，但最重要的，还是你要懂得分清主次和先后，分清主业和副业，让自己的轨迹形成一个精通的、专业的、不容易被替代的发展之路。

如果你想要做好一件事情，就尽量别让自己只停留在略懂的层面，去参悟它，研究它，深入了解它，吃透它，让它为你所用，这才是一个长期有效的规划，或学业，或职业，或人生。

# 没有人喜欢
# 总是惹麻烦的人

01

最近《欢乐颂》热播，剧中的人物也成了我们在办公室里饭后茶余的聊天话题。

有的喜欢智商爆表、高冷大气范儿的安迪，有的喜欢贴心又讲义气的樊小妹……大家喜欢的演员和角色各不相同，却很少有人喜欢那个邱莹莹。因为她虽然真实直爽，但也过于幼稚，整天叽叽喳喳，做事不分轻重缓急，说话不分场合，更加不明白是非对错，只关心自己，不知道为他人着想。

还有一点就是，她总是给别人带来麻烦。

她与办公室的白主管谈恋爱，最后白渣男面目露出，两人终于闹掰。渣男工作上故意找碴儿刁难，邱莹莹气不过，于是在办公室大肆宣扬他假公济私的事情，最终白主管被公司辞退。

邱莹莹呢？她以为自己的举报是对公司有利的事情，公司不应该开除她，结果第二天就接到人事部打来的电话，她被解雇了。

安迪是这样分析的：没有人会喜欢惹麻烦的人，你只要惹麻烦了，对方一定会放弃你。

为什么？因为她带来了太多的负面影响。

邱莹莹的举报夹杂了太多的信息量，白主管有错，是个应该被人唾骂的渣男，但是她也一样，办公室恋情影响总是不好的。何况她这一闹，她的顶头上司假发票报销的事情也会泄露，公司的颜面也不好看，其他同事心中更会对公司的制度有所怀疑。所以，邱莹莹的结局，想都不用想，肯定会被辞退的。

这其实就是所谓的：麻烦，人人避之不及。

甚至于，她后来看她父亲给买的各种成功学的书，安迪说了几句这些书不现实，逻辑不通，还是少看为妙，邱莹莹居然不依不饶地跟安迪争论，甚至安迪回家之后，她还对着安迪的摄像头要争一个长短。

安迪最后说了一句：不与傻瓜论长短。

公司不喜欢惹麻烦的人，因为公司要考虑自身利益和群众看法；我们不喜欢惹麻烦的人，是因为他带来的都是负能量。

不是说不去帮助别人，也不寻求帮助，而是在正常的交往交流之外，惹麻烦的人会带来更多的负能量。我们说人与人之间是平等的，这种平等不仅表现在价值观、世界观方面，更表现在你能否为别人带来对等的利益。

谈利益其实是有些功利的，但事实就是，你如果总给别人带来麻烦，而无法给别人带来好处，那么，慢慢地，其他人就会不再愿意去帮助你。

比如，你总是向对方东家长西家短地抱怨生活中的各种问题，时间长了，对方自然觉得你这种生活差评师的行为会影响自己的心情，便不愿意再和你沟通。你总是去求别人帮忙，别人给了建议你也不知道改正，依旧我行我素，那么别人以后估计都不想再给你任何建议。

付出需要对等，而给别人惹麻烦就是一种不对等，你惹的麻烦会给他人带来或利益或情绪或人情方面的伤害的时候，别人就会及时止损，于你来说，就是被pass。

再好的朋友，也经不起你一而再再而三地惹麻烦，不是吗?

02

前不久，朋友S跟我说了一件就发生在身边的事，我觉得跟邱莹莹这种惹麻烦的人极为相似。

S是做人事的，负责公司的招聘事宜，所在公司规模较大。年初的时候，S一个老家的亲戚找到她说，他的儿子与S在同一个城市，但是最近辞职了，想让S在自己的公司给他儿子谋个职位。

这个亲戚，与S是本家，S的父母也说就给介绍一个吧，都是乡里乡亲的。正好公司确实在招聘与客户对接的岗位，S寻思这个职位也不需要什么太专业的技能对口，左右来了之后，多让他参加一些公司内部的培训就好了，也不算是以权谋私。

S说亲戚姓王，姑且称呼他的儿子为小王吧。

小王是个很随性的男孩，S说，她刚开始觉得这个男孩还算不错，说话聊天也挺开朗的，爱说爱笑，于是宽慰自己，这个人情做得也是物尽其用了。

结果长期接触下来，根本不是那么回事。

小王爱说爱笑不假，却对任何事都不认真。有一回S与小王所在部门的经理赶上一部电梯上楼，经理笑着提醒S，让她说说小王，迟到次数太多总是不好的，扣奖金不说，还带坏了部门风气。

于是S去行政助理那儿调出了小王最近一个月的考勤记录，一个月内，不迟到的次数屈指可数，S一口气憋在那里，上不来下不去。

于是她只好委婉地去提醒小王，跟他说认真做事的重要性，拿多少工资就要做多少事。小王还是那样一副嬉皮笑脸的样子，当初看着是开朗，如今却多了太多玩世不恭的味道。

再后来，关于小王的言论一下子多了起来，听到S耳朵里，全都变了味。

有的说小王总是往公关部门跑，对每个女同事都热络得不行，今天约这个，明天约那个，撩妹撩到公司了；有的说小王最近顶撞了经理，还大言不惭地说都是一家人，不要太严肃。

影响最不好的一件事情，是小王抢了同事的一个客户。小王的工作除了日常对接之外，还会对新客户进行开发，促使其签约。公司虽然没有明文规定，互相之间不能有客户的冲突，但大家都心知肚明，毕竟低头不见抬头见，是不会做这种有违道德的事情的，没想到小王打破了这种平衡。

被抢客户的同事，找到部门经理要求讨回公道，领导也不能睁只眼闭只眼，急需做个样子。

S找到小王，说你不该这样。小王说，凭本事拿钱，没什么不对啊。

最终，小王不满公司对他的惩罚，愤然离职，S着急的同时却也松了一口气。

这件事情，一度让S觉得在公司里抬不起头来，见到小王之前的部门经理也是绕道而行，后悔当初不该接了这个烫手山芋，弄得自己里外不是人。

S说，这件事之后，很长一段时间都不想再多帮助别人了，这种受累不讨好的事，简直打消人的积极性。

当一个人对别人的帮助不尊重的时候，就是给对方惹麻烦。你得知道，对方帮你固然有人情在里边，但是后边的路，全凭真本事，如果你总是惹麻烦，对方将把你从自己的交往名单里除名。

因为你没给对方带来好处也就罢了，你还“落井下石”，给对方雪上加霜，那人家只能放弃你了。

03

上学的时候，很多打架逃课早恋的孩子不被老师待见，因为他们给老师惹了麻烦。学校是学习的地方，老师必然会受到校规和校领导的约束，这些孩子脱离学习的氛围做一些校规之外的事情，除去自身学习成绩受影响，还会连累到老师的声誉啊，奖金啊，甚至升学率啊，在大多数人眼里他们就是那种惹麻烦的人。

从前有个同学总是让我们帮忙给她打饭，她说她要复习功课，不能浪费一丝一毫的时间。偶尔帮忙还可以，可每次都这样，我们也是很无奈的，我们的时间也是时间呀，我们也需要好好学习天天向上呀。

很多事情，发生在别人身上我们体会不到，但发生在自己身上的时候，便觉得难以忍受。

有人闯了祸让你来当接盘侠，你会心甘情愿吗？

有人找你担保，向你的朋友借钱，结果没有还，你不愤怒吗？

有人死乞白赖地请你介绍女朋友，你费劲巴拉地终于找到合适的人选，对方却说不见了相亲不靠谱，你气不气？

有朋友来你所在的城市旅行，你顾全友情要尽地主之谊，对方却带了好几个人，一边跟带来的人说你是他最好的朋友，一边在你家吃喝玩乐不走，你会高兴吗？你都不认识那些人啊。

还有人总是丢一堆烂摊子让你帮忙处理，你一定也不堪其扰吧。

并不是提倡不麻烦别人，也不是提倡不帮助别人，人与人之间就是通过互相帮助或者情感、利益之间的“利用”而延续关系的。我的意思是，我们请人帮忙之后，一言一行，要适当有度，因为你代表的不光是自己，也代表着帮忙人的眼光和面子。

与人交往之中，需要正面的对等互助，而不是负面的消极影响，不要给别人徒增额外的麻烦。

下雨天坐同事的车回家的时候，注意不要在车里乱放还滴着水的雨伞；工作中尽量做好自己的本职工作，如果不小心做错了，连累大家一块加班，那也要心存感激，而不是觉得理所当然。

不要因为自己的失误，导致别人的经济或者情感受到损失，没有人会一直包容你，没有人喜欢总是惹麻烦的人。

# 放弃你的无用社交<br>很有必要

百度百科说，社交是指社会上人与人的交际往来，是人们运用一定的方式（工具）传递信息、交流思想的意识，以达到某种目的的各项社会活动。

显而易见，放弃社交，就是放弃了与他人的交流沟通甚至见面往来。

最近有点忙，在我奔三的旅程中，从来没有像此刻这样忙过。

以至于忽略了很多事情，这其中包括朋友圈的互动。

然而，当我卸下一身忙碌，重新回归正常生活的时候，我发现，忽略这些事情，其实是对的。

朋友圈似乎成了另外一个世界。

网络社交在当今社会的比重越来越大，我们的微信上加了形形色色的好友，认识的不认识的，同事朋友同学，父母姐妹兄弟，孩子的老师，打球的队友，朋友的朋友的朋友，亲戚的亲戚的亲戚，七大姑八大姨，可谓琳琅满目。

当微信好友越来越多时，我发状态也越来越慎重。

以前总是三天两头发状态，经常会收获一堆的赞和众多由衷的抑或不由衷的评论。礼尚往来，在人家发了朋友圈状态之后，我亦去点个赞，赞美关心一番。

然而最近，好友增多和忙碌的双重压力，使我没有多余的兴趣去打开微信。

我不再主动和朋友聊天，朋友早晨发来的微信消息，我经常下午才能看到，更不要提像以前一样去频繁地刷朋友圈了。我不再轻易发状态，发了有时候也会顺手删掉；也尽可能少地去评论别人的状态；我退出了一些群，包括微信的、QQ的。

当这些情况持续了一段时间之后，我发现，我居然习惯了这种感觉。

微信不再经常响起，我也不再时时端起手机连上网刷新；那些没用的微信信息都被我屏蔽在外，不再介意别人的评论与否，也不再时时刻刻玻璃心。至于别人发了什么状态，从任何一个层面来说，都是与我并不相关的。

你看，我反而多了一些内心的安静与平和。

放弃一些聚会，重拾另一些爱好。

其实我是个很爱玩的人，台球、K歌、爬山、野营、滑雪、聚餐……对于吃喝玩乐的事儿，我多少都有点兴趣。

然而，忙碌使我不得不推掉了一些聚会，少了喝酒的应酬，也少了人群里的喧闹。

不再打电话吆五喝六地问朋友今天去哪里吃饭，怎么还没到，今晚不醉不归；不必虚伪地说好久不见甚是想念；更不用考虑今天人家请了我一顿五星级标准，我明天得准备一个更加高大上的地方才好；也不需要想着要聊一个什么样的话题才能让彼此的见面不无聊并具有趣味性。

每个人的生活中或多或少都存在鸡肋友情的情况，食之无味，弃之可惜，说得更难听一点，可能都算不上友情。但是人的心理上，容易误认为自己无往不胜、与众不同，错误地高估了自己在别人心里的地位。

你要知道，你在任何人心里都没那么重要，你的知己至交，终其一生也不过就那么三两个而已。

那么不如把精力从这上面移开，当你的各方面能力不足以支撑你的社交的时候，你应该把时间和金钱都节省下来，去做那些可以提升能力的事情。

那么，当我一步步放弃社交之后，我做了什么?

除了日常工作中的做方案、发软文、写稿子，闲下来的时候，我开始着手研究学习各种营销方案，各种策划案，看PPT的各种排版结构，看前辈们的各种创意与构思，看得全神贯注的时候，半天都不记得喝一杯水。

我不再关注八卦娱乐，改看财经广告行业的新闻，我重温了《禁闭岛》《盗梦空间》《唐顿庄园》《纸牌屋》，我每天上班化简单而精致的淡妆。

我用手机下载了一个学英语的软件，上下班途中，我的耳机里不停播放着各种英语单词、句子。英语是我上学时候就爱学的科目，曾经成绩也不错，所以学起来并不太费力气。

真正难的，是我开始自学Photoshop，去水印、抠图、调色……零基础的我，一点一滴开始，晚上临睡前才有一点时间从电脑上看看视频里的教程，学起来速度之慢，可想而知。但是我也并没有中断，每天学一点，什么时候真正学会什么时候算。

回家吃完饭陪小坏蛋读书、练字、画画，等他睡着，则开始一天中最安静祥和的时刻——读书写字。

我读书的体裁没有限制：名著、小说、传记；巴金、路遥，东野圭吾、福尔摩斯，金庸、古龙，王小波、冯唐……

写字也是天马行空：书评、电影观后感、随笔、诗、小说……

近期，我还打算去报一个瑜伽班，一周匀出三天的下班时间来修身养性。

有些累，然而充实。

努力，并且认真。

短时间来看，放弃社交并没有给我带来现实性的好处，甚至可能会造成一部分人际关系的流失。

可是，当你并没有让人引以为傲的地方，你也不能与你所谓的朋友对等补充利益的时候，你的人际关系其实都是虚浮的，除了可以满足你有个人有个地方说说话聊聊天，并无实际用处，更不要谈什么人脉、圈子之类的话题。

其实，说得现实一点，别人未必不是这种心态，过多的情感积压反而成了累赘，把精力放在这上面，就失去了自主学习的时间。

当然你看，我也并没有放弃所有的社交，我需要去超市买东西，需要跟同事沟通工作事宜，需要接收快递，也会与好友吃吃饭喝喝下午茶……我不可能不与人打交道。

我把自己的放弃归类于放弃无用的社交，那些客观存在但又给我带来一定程度压力的，我将其搁置一旁，拾起与否，全凭心情，这样想来，神清亦气爽。

放弃无用的社交，用这部分精力与时间去努力成就更好的自己，等你有所成就，你的人脉才算得上人脉，你的社交才是真正有意义的社交。

# 你的言行举止，
# 都将成为你的名片

01

有一个业内很出名的销售顾问来公司面试，主管去见了一面回来说，这个人不行。

我问为什么。

主管告诉我，早就听说这个人品行不好。

原来，这个人一年内前后换了五六家公司，要么是嫌加班多工资低，要么就是对公司环境抱怨不爽，当着面试官的面居然大言不惭地说：你们公司虽然也与我的期待不符，但我还是可以凑合着将就的。

主管听到一半只得说，不好意思我们这个职位与您要求的不太合适。

我听到之后就想，这样又狂又拽的人，走到哪里会受欢迎呢？

02

主管给我讲了这样一件事情。

她踏入公关行业的第一个提案，是去一家房地产公司。

去参加会议的是房地产公司销售部门的负责人，暂且称呼他为F吧，去之前，主管就听说这个负责人一年之内就从普通销售升任为整个销售部门的负责人，想必是个很厉害的人物。

那天的提案差强人意。

主管与同事商量加班好几天赶出来的方案，被F批评得一无是处。这倒没什么，意见不合是常有的事情，按照客户要求去变更方案或内容也是应该的，但F给她的感觉，就是找碴儿，每讲一处，F都会提出疑问，并把方案里的建议全盘否定。

其实说真的，主管的这个PPT是在前辈的指导下完成的，精准研究了客户的状况和需求，虽不敢说多么至臻完美，但最起码，也不至于坏到这种地步。F完全是趾高气扬的样子，不但否定，最后还给予了最难听的评价：这么low的东西你们公司都能做出来，趁早关门算了。

可想而知，主管的信心被打击得一点儿不剩，人生中第一次提案啊，挫败感让她数次跑到卫生间无声地哭泣。这一度成为主管的心病，她做的东西被人这样不认可，她甚至开始怀疑自己，是不是不该踏入这个行业。

主管当时所在公司的领导，知道了这件事情，便通过自己的朋友去打听怎么回事。

打听出来的结果让人大为惊讶。

那个房地产公司的负责人F，早些年确实做出了很好的成绩，他一个人一年的销售额，比部门其他同事加起来的总和还要多出几十万。公司高层震惊，这样好的人才必然是要留住的，于是许了他负责人的位置，加薪、配车、赋予权力，一时间，F的职业生涯便跨入了顺风顺水春风得意的局面。

可是他部门的同事，没有一个甘愿对他俯首称臣的，不是忌妒，不是羡慕，是讨厌，为什么讨厌？因为F总是用些不正常的手段抢客户。

F能说会道，深谙沟通之术，拐弯抹角地从同事那里得到客户信息，然后单独约见客户，许以对方最高的优惠价格，他另外还付出了什么众人不得而知，只知道很多客户纷纷倒戈。客户要的就是利益呀，反正买房都是一锤子买卖，为什么不找一个更省钱，或者说利益最大化的结果呢。

于是，F的机会来了，那套楼盘，他成了业绩最好的销售顾问。

F当上负责人之后，对于公关、广告、施工等大大小小来寻求合作的公司，给予了更为不公平的合作关系。在他这里，没有所谓公平的投标、提案，有的是给他回扣的高与低、多与少，说白了，就是前来竞争的都是幌子，实质上早已因为F的利益而内定。

他的同事讨厌他的原因，还有一个，他依仗自己负责人的地位，要求下属从自己的业绩里给他一部分的抽成，虽然只是一小部分，但也足够属下愤怒了。

F的“事迹”逐渐在圈内传播开来，有的说他以权谋私，有的说他毫无职业道德，业内同行纷纷说他这是在作死。

果不其然，很久之后，F离职了，他去同行业的公司求职，均被拒绝。没有一个面试官想引狼入室，哪怕他业绩再好，他充当的是公司的门面，品行与素质虽不至于要在成绩之上，那也是必不可少的条件。

F后来的去向我们已经不清楚，但他的例子却被很多知情人士拿来自省，避免让自己误入歧途，成为业内的反面教材。

每一个行业的圈子，说实话，就是那么小，你的一言一行都会成为你最好的介绍。

你以为暗中做的事情不会有人知道，你以为知道了也不过如此，让业绩来说话就好，事实不是这样的，你的言行统统刻上了你自身性格的烙印。没有人愿意和一个唯利是图不择手段的人共事，没有人喜欢与品行不好道德欠缺的人做朋友。

虽然我们都说不要相信自己听到的，要相信自己看到的，可是，我们得知别人的大部分信息，往往都是听来的。

道听途说有时候不是一个贬义词，想要了解一个人，通过他人的旁观和见解，是很有必要的。

你的处事风格，你的涵养素质，无一不是你的名片和简介。

03

想起一个同事，明姐，尽管我们共事的日子加起来也不过两个星期，然而两个星期的相处，已经足以让我印象深刻。

明姐因为有了更好的发展空间而离职，而我是去接替她的新员工。

她给我讲了很多那个职位需要注意的事项，又带我认识工作中需要打交道的各部门同事，她把自己记录工作的笔记本给了我。她对我工作的交接，让我重新认识了一个即将离职的人的责任感。

当时我们的工作内容，有一项是需要发布客户的新闻稿，然后把新闻稿发布情况，以及数据和网站的分析，形成报告的形式发给客户。这个报告得我们自己来写，既要有理有据，还要加一些自己的观点和看法，写报告的时候完全不比敲代码的程序员省脑细胞。

明姐与我交接的后期，报告基本应该由我自己来写了，冥思苦想、废寝忘食，仍然觉得力不从心，明姐说：周末你来公司，我给你从头到尾讲思路和模式。

于是，那个星期六，成为我从职以来印象最为深刻的一个星期六。

她用了工作之外自己时间里的一整天，来教我这个即将代替她在这个岗位上继续走的人。我除了受益匪浅之外，更感叹，新公司何其有幸，能够迎来老公司离职之前还将工作交接做得如此完整认真的明姐。

后来我与客户会面的时候，还听到客户夸奖她，说明姐的报告做得确实不错，分析得也很到位，最重要的是明姐认真，会站在客户的角度想问题，与她合作，总觉得广告费花得特别值。

很多人，包括我，在跳槽的时候，总是对新公司充满期待，迫不及待地想要离开老公司，从而对待手头的工作搪塞敷衍，得过且过，以为走个形式交接完就好了，剩下的都与自己无关了。

可是明姐让我觉得，哪怕你下一刻就要离开，上一秒属于你的工作，仍然是你的工作，你就要做好它，像平时拿工资的时候一样，像每一个在职的日子一样。

04

上学的时候，如果有一些品行不好或者偷拿东西的同学，我们大多会疏远他，因为不愿意自己也深受其害，这是人的本能。

与人相处中，如果对方毫无道德标准可言，逮谁喷谁，背后对很多人说三道四，整日家长里短地抱怨，我们不会去相信这样的人，同时也会努力去避免自己成为这样的人，这也是本能。

工作中，整天拿着工资混日子，对每一项该完成的分内事都勉强完成，然后拿出大把时间吃喝玩乐，工作将会回报你什么？

当有人能力出众，人品卓绝，我们羡慕的同时，无不赞扬夸奖。

贬低或夸赞，都将成为这个人的名片，总有一天会被他人拿出来看。

所以你知道，品行是多么重要的一件事情，认真做事又是一个多么难能可贵的品质。

你敷衍过的工作，总有一天成为你的负累，你得过且过地混着日子，现实将会回报你一事无成。

我们做一件事情之前，先不要想付出很多做好了这件事会给我们带来什么，先要明白，我们应该先做好自己。

你浇灌过的盆栽，经常会在一个阳光明媚的日子出其不意地盛开；你在做好每一件小事的积累上，既帮助了别人，也帮助了自己。

用心做事，不敷衍，不对付，偷工减料粗制滥造，除了短期的利益和一时的痛快，别无好处。

圈子那么小，朋友那么少，不道德和不敬业不会给你带来任何的好处，它们会让你的专业能力降低，会消耗你的信用，会破坏你的名声，会让你在一个行业里的地位岌岌可危。

当然，大多数人也并不是什么英雄人物，没有那么大的影响力，可也不能觉得芸芸众生无人关注，就任由自己的性子胡来。

你所认真努力去完成的职业，或许不一定能成就你的事业，却一定是你的名片，当有一天你需要这张名片时，别忘了你曾在这上面烙印了怎样的标签。

## 有断舍离，
## 才有品位的提升

同事最近将家里来了个大型整理收纳，把一些不再使用的东西丢掉，她跟我们说，感觉心情好多了，又要开始买买买了。

然后我们就着这个话题聊了起来，我们一致认为，定期对旧物品清仓处理，对提高生活质感和自我品位的提升，是非常有帮助且有必要的。

想起我从前搬家，很多东西都舍不得扔掉，花瓶是我走了很多家店淘来的，我那么喜欢它，恨不得把全世界最美的花放在它怀里，让它们相恋；有双鞋子是我专柜打五折才买到的，虽然打完折还是好贵，虽然十公分的细高跟会让我的脚磨出一个泡，可千金难买我愿意，我钟爱它的款式多于我受伤的脚；咖啡杯舍不得换掉，这是曾经一个很好很好的朋友送的，我不愿意换掉它，是不想忘记那么多美好的过去；一床的玩偶都装进了行李箱里，每只都好可爱，每只都有一个故事，让我放弃这些故事，就是让我放弃一些记忆……

可是后来，当我把它们搬到新家之后，却不知道该如何安放它们。

而且，每当我出门逛街买东西的时候，遇见喜欢的东西，脑海里总会模糊地闪过一个概念：家里有这种类型的，曾经它也很好看，很耐用，或者，总觉得家里的与众不同，因为它有故事，倾注了我大量的时间和精力，它那么独一无二，才是我应该珍惜的，我在外边看到的这些，都是过眼云烟。

于是，要么没买遗憾离开，要么心心念念着曾经那件东西所带来的美好感受。

这于我而言，其实并没有什么实质性的好处。表面上看是省钱了，但我的生活质量却一再下降，我固守着原有的执念，这在一定程度上，造成了我欣赏事物水平的滞后。

这不是一件好事情。

我们化妆打扮买新衣服，希望自己看起来有品位、干净利落，希望自己的外在美得以最大限度地展现，希望气质出众；我们读书观影打球运动，是想要提升自己的内在涵养，丰富生活内容开拓自己的视野。

我们活着，是为了更好地生活，为了成为更好的自己，从荆棘小路走上康庄大道，而不是为了越走越狭隘，甚至最后成了下坡路。

思维的狭隘很容易导致一个人止步不前，比如最初的我，对服装的搭配一直停留在昨天，停留在那个我觉得好的时刻，所以当周围的朋友们都开始穿着打扮时尚前卫的时候，我out了。

后来，我开始改变自己的固有观念。

我也开始定期清理没用的物品，把一些好的、干净的、几乎没怎么用过的衣物捐出去，把一些自己都看不上眼的东西扔掉。把家里收拾得干干净净，果然是一件很有成就感的事。

心情好，觉得生活的质量就又回来了。

再后来，接触了山下英子的一本书——《断舍离》，更加觉得当初的改变是正确的。

对待事物如此，对待人生亦如此。

断，停止负面的思考模式；舍，顺从自己的心，割舍既有；离，松开“多就是好”的念头。

我们普遍的观念，会在某个时刻无比怀念过去的美好时光，从而造成自己一些很负能量的东西。也经常觉得曾经的感情才是最真挚的而不舍得扔掉，哪怕早已物是人非昔人远去。所谓执念，就是无法放弃固有的认知，尽管那并不能给你带来任何的好处和帮助。

扔掉很多无用的东西，屋子才能释放出更大的空间，来接纳你更高的审美标准和衣物档次；清理掉内心的杂念和对过去的不肯放手，生活才能有更好的向前走的能量。

我们要一直保持和自己的思想相处的能力，去掌控它，而不是让它阻止你越来越好的脚步。

我一直觉得，无论生活还是情感，你最好掌握主动权，你要定期去清理它，避免让它给你造成困惑。你要主动去调控很多事情，避免事情失去掌控导致你再也没有能力解决，从而走向一个很坏的局面。

社会不断发展，价值观审美观不断演变，如果总是保持在过去的观念里，很难跟得上时代的步伐。

比如我们平时给甲方做方案，一个策划案的形成，少不了添枝加叶反复润色，从前方案中优秀的观点和运用虽然值得借鉴，但你仍然要不断去观察研究新事物，才能给客户提供更加高大上的推荐，大到一个创新的点，小到一款奖品的推荐，都要体现出与时俱进的思维模式。

断舍离不是要否认自己的过去和眼光，不是决绝，而是让自己能够不断前进，一步一步爬上更高的阶梯。

衣柜如此，大大小小的物件如此，生活如此，人生也是如此。

# Part 4

# 有底气才能骄傲地活着

你学到的那些知识和见识，都会融进你的血液，滋养着你的成长，成为你的力量，这些都支撑着你，作为你去拼搏的底气，促使你去成为一个更好的人。

# 不要让别人的目光，阻碍了你前进的方向

01

昨晚加菲问我：姐，你说我这么在意别人的目光和看法，可怎么办呢？

加菲是我的读者，我刚开始写文字的时候，她就关注了我，我写的每一篇她都看，经常会给我留言。后来我们熟悉起来，她总会把她的心情告诉我，或好或坏，或晴朗或悲伤。

她给我发过她的照片，很温婉的样子，有点像江南水乡走出的女孩，眉间带着些多愁善感。但是多愁善感常常伴随着敏感，敏感到做

任何事情之前都不由自主地考虑别人的看法。

她发一张自拍到朋友圈，有人开玩笑地评论说：“怎么又晒照片，胖了呀。”她就会赶忙去看自己究竟发过多少回自拍，然后对着照片反复看很久，看看到底是哪里胖了，是脸，还是腰？

她评论了一条朋友的状态，朋友把她们共同好友的评论都回复了，唯独没有回复她的。加菲就很难过，想把那条评论删掉怕朋友觉得她玻璃心，不删掉又担心共同好友笑话她怎么那样不得人心。

她与同事们在办公室聊天，气氛本来很好，她说了一句话，或许是没有引起共鸣，大家并未应她就去忙自己的事情了，加菲很受伤，整个下午都在想自己说的话到底哪里出了问题。

她刷到热门新闻的时候，会习惯性地先去看评论，然后再决定自己要站在哪一方的立场上来想，每每这时，她脑海里总会浮现“随大溜，不挨揍”这样的俗语。加菲觉得自己不能轻易透露出真实的想法，不能跟大部分人不一样。

她给朋友发信息，超过五分钟还没被回复，加菲就会开始焦虑，自动脑补最后一次与朋友见面聊天是否谈到让对方不开心的话题，是不是什么不妥的言论和行为得罪了对方。

加菲提起自己的老家，从不敢上图，总觉得别人会以为她们家很穷而瞧不起她；她新买了一套迪奥的化妆品也不敢在朋友面前显摆，担心朋友们会认为她在炫耀。

就连她的幽默都是小心翼翼的，开玩笑一定选择中规中矩的话题，不敢太过分，怕别人当真。

加菲的问题不光体现在熟悉的人之间，甚至包括陌生人。

她在冰天雪地里滑倒摔了一跤，尴尬地爬起来，第一件事就是看看周围有没有人关注，如果有哪怕一个人看到她狼狈的样子，她一天都没有好心情；就算没有人看到，她自己心里仍旧会想，别人一定都看到了，丢人丢大发了，然后同样一天没有好心情。

她去超市买东西，一定会跟门口的保安确认好自己包里的东西，避免保安认为她从超市里拿了东西而未结账，在别人还未检查之前，就先抢着证明自己。

02

我曾有一段时期强迫症非常严重，我发的状态连标点符号都必须是我喜欢的，如果该用句号的地方不小心用了逗号，我就会删掉，改了之后再重新发。

但其实，每个人关注的点是不同的，我关注的地方别人也许并不关心，何况，别人可能连我发的状态都不在意，怎么可能在意我用错了标点符号呢？所以我删掉再重新发，寻求的是一种自我的心理安慰，是为了自己看起来舒服，对别人来说无任何意义。我想通这个道理之后，忽而觉得释然了很多，发状态的时候也就没那么纠结了。

追求完美的人或多或少都有不同程度的强迫症，他们不允许自己犯错，不允许自己的行为有任何的瑕疵。这类人极其在意他人目光的原因，是内心深处渴望自己表现得完美，让所有人满意，从本质上来说，是一种不断自我完善的行为，因为他们会以外界的评价为标准从而改变自己。这种在意，运用得当其实是有好处的，但若过分在意，则会适得其反。

03

我认识一个朋友，他经常很焦虑，总觉得自己有什么事情没做好，尤其在人际关系这方面。他把大部分时间都花费在拓展朋友圈上，与人吃饭抢着买单，否则就觉得别人会认为他是个小气的人；出去玩一定把彼此认识的朋友都叫上，万一漏下了哪一个，就很担心人家会因此而和他再也不相往来；甚至于带到公司的零食水果，也必然做到人手有份，万一带得少了，有几个同事没有分发到，他一定会想办法补上，或者去说明情况，反复解释，生怕人家对他产生不良印象。

他不断猜测自己在他人心中的印象，不断揣测别人对自己的行为是一种什么样的态度。

说真的，我这个朋友很善良，但是过分的善良，过分地去在意别人的感受，就忽略了自己的感受。他内心存在着大量的不安，他需要外界的肯定，这能给他一定的存在感，从而缓解他的焦虑。

内心的不安和焦虑，会通过一个人的思维意识和肢体语言表现出来，这种情况往往需要通过他人的肯定，以完成自我的内心安定。

但是，我们没办法去顾全每个人的感受，如果因此而给自己造成了极大的困扰，就得不偿失了。

04

生活不充实才会有时间胡思乱想，从而格外在意他人对自己的态度，对任何嘲笑或讥讽都容易对号入座。

比如别人窃窃私语时看了你一眼，你都有可能会认为对方是在说自己的坏话，因为你并不急于去做别的事情，你有的是时间来思考他们的窃窃私语到底说的是什么。

接触的圈子太小了，总觉得眼睛里看到的世界就是整个世界，其实坐井观天的故事由来已久，故步自封最容易让自己的眼光变得短浅，从而只关注周遭这一个小圈子人的看法。这种情况就需要自己去努力充实自己了，当你忙起来，你连关注别人的时间都没有，哪还有时间在意别人怎么看你。

你不要成为别人手中的木偶，一切被别人的目光左右，而要成为一个有主见、自我有力量的人。

之前有个同样写作的小伙伴说，写文章太考验一个人的心理素质，因为不论你写什么，有人喜欢就会有人骂。我问他：那你被骂了怎么办？是不是特别不开心？他说：我是为了遵循自己的内心而写的，言论自由给了他们攻击我的权利，但是没关系，跟骂我的人说一句“你开心就好了”，我有自嘲的勇气，况且，喜欢我的人远远多于骂我的人，这样来看，我何必去在意那些负面的情绪呢，毕竟，我是为了自己而活，为了支持我的人而写。

05

前阵子，牛津大学的心理学专家Robin Dunbar和他的团队，通过调查3375个英国Facebook用户，而得出并发布了一份关于社交网络的研究报告，说是不管你网络社交里的朋友圈有多少人，但真正和自己互动的只有4个人左右。

你看，我们的生活中哪有那么多的观众？真正的好朋友无论你做什么都不太会多想，因为他了解你的为人。而对于那些不熟悉的人，又何必那么努力做个完美的人只为让他们来欣赏呢？

人类，作为群居动物，在意他人的看法是一种特别正常的行为。不同的是，有的人轻微，只在意几分钟，有的人比较严重，会在意很久，好不容易想通了，又碰到另外一件类似的事情，又开始周而复始。

太累了，真的，不如收拾起这些没有给你带来正面影响的事情，好好过自己的生活，我们生来不是为了活给别人看的，是为了自己，不是吗？

总有一天，你会回头看看那些经历过的人和事，当时再大的事，之后想起来都会觉得不过如此，甚至会后悔当初的小题大做。而他人，说不定在你纠结的时候早就忘记了发生过什么事，他们远没有你想象中那么关注你。

所以，不必太在意别人如何看你，你的方向应该是如何成为更好的自己。

古语云，成大事者不拘小节。格局大的人，才能成事。

# 有底气才能<br>骄傲地活着

01

前两天有个读者问我：卡西，总是不自信怎么办？事实证明自己做得还不错，可整个做事过程却是纠结而心虚的，不断否定自己。

我想了想回答他，是因为底气不足的缘故。

底气不足源于内心空乏。

我上初中的时候，是物理课代表，可是下到同学好友，上到父母班主任，包括一心想要拯救我的物理分数于水火的物理老师，他们都知道，我对物理的厌烦程度几乎达到了逃课的地步。

我一看到物理试卷就头疼，重力、弹力、摩擦力，压力、浮力、阿基米德原理……这都是什么呀？我最不能理解的是，画一幅图，给出一定条件，然后计算开关闭合时，电源电压值和电阻的阻值，看到这些题我的内心崩溃得想死好吗？

我物理分数经常不及格她都坚持让我当课代表，可想而知，物理老师真的是个很善良的人，她一直对我实行不抛弃不放弃的原则，这让我充满了无力感，导致我无法理所当然地逃课。

她坚持要拉我一把的态度还体现在，动不动就让我回答问题，天知道我根本没有仔细听，连个毛线都说不出来啊。

然而终于有一次例外，我忘记具体是一道什么样的题目了，只记得是质量的测量，还用到了天平。物理老师在黑板上写这道题的时候，我大概看了下，觉得很简单并且还想到了方法，难道上天垂怜，给我一次表现的机会？

可是我回顾了一下教室，所有同学都鸦雀无声，低头的低头，思考的思考，我转回头的一瞬间便开始怀疑自己的答案。物理是要经过周密计算的，是看中数据和分析的，我怎么可能蒙对呢？看同学们的样子这应该是一道特别难的题目，连学习最好的同学也没有举手啊，不可能轻易就被我猜到了答案，我都有点想嘲笑自己了。

但愿物理老师放过我，不要再叫我回答了。

怕什么来什么，物理老师还是点了我的名字，我没有办法，犹豫了半天把我想到的方法说了出来。物理老师想了一下说：对啊，原来你说的这个方法更简单。教室里的声音也开始此起彼伏，纷纷同意我说的是对的。

我悬着的心终于落在地上，同时我还想骂一句卧槽，你们早干吗去了，吓死老子了。

这件事在我的印象里很深刻，我甚至觉得如果我当时自信一点，借此机会拾起对物理的热爱，那么，现在想起来也不至于太遗憾。

可事实是，由于我对物理的深恶痛绝，加上我物理知识的匮乏，还有本身的不自信，以及在物理方面不太被认可的标签，导致了我严重的底气不足，我自己都不相信自己的答案，没有比这更让人难过的事情了。

你看，底气不足的成因有很多方面，外在的环境、内心的惶恐、周遭的评价，或质疑或批评的声音太多导致自己信心不足、自卑，但有一条至关重要的根本原因，是因为胸无点墨。

每一节物理课，我都没有百分百地认真听，有时候逃课，有时候睡觉，甚至有的时候用一摞书挡住老师的视线，与同桌下象棋。我对物理没有付出任何的努力，只有一次天上掉馅儿饼的机会让我答对了，我当然会怀疑这只瞎猫碰上的耗子是只死耗子。

我对于物理的知识并不怎么了解，我没办法罗列很多种可能性让天平两端平衡，因为我根本不知道有很多种可能性，就像我没办法给你讲光量子假说是一个什么样的概念，因为我除了这个名词，对它所代表的知识一概不知。

但是我在英语和语文领域就不会这样，每天的早自习晨读，一三五背诵英语单词和句子练习听力，二四六念唐诗宋词元曲读任何我觉得好的文章，哪怕遇到不会的题，我就算蒙都能明白大概朝哪个方向蒙。

因为努力过，因为有实力，才不会失去应有的底气。

02

我们为什么要有底气？

你读的书多了，自然旁征博引妙语连珠，引证论据信手拈来，因为你大脑里有东西，思想丰富不空泛，腹有诗书气自华，底气让你从内到外都散发光芒。

你经常健身，自然身强体健，一脱上衣八块腹肌，虽不至于去炫耀，可是在游泳、温泉等场合，甚至穿上紧身无袖背心都一脸坦然，因为对身材有信心，周围旁观的目光都是羡慕与爱慕，这更促使你自信百倍，平时锻炼的底气给你带来了自信。

一个人在自己专业的领域取得的骄人成果，与他在这个领域的付出和努力是密不可分的，他的知识和能力让他掌握了主动权，从而才能控制话语权。

做事情讲究天时地利人和，这底气，会为你创造很多适合你并对你有利的机遇。

比如遇事不露怯，给人以稳重大气的形象。比如自信，自信是什么？是一个人的精气神，你的自信会感染很多人，包括父母亲朋，包括上司同事，自信的人充满阳光的力量，能够带来积极态度的人，总是受欢迎的。再比如，底气充足，你会比较相信自己的决断，让自己不那么优柔寡断，这从一定程度上能够锻炼一个人的主见能力并逐渐提升分析能力。

底气会促使你成为一个更好的人。

不是有句这样的话吗：你的气质里藏着你读过的书和走过的路。

你学到的那些知识和见识，都会融进你的血液，滋养着你的成长，成为你的力量，这些都支撑着你，作为你去拼搏的底气，促使你去成为一个更好的人。

我们的努力，一定是想要成为一个更好的自己，得到自己期盼了很久的东西，见到想念了很久的人。可是我们不能只停留在想的阶段。

你没有能力的时候，给你想要的，你也留不住。

你没有底气的时候，很容易就被岁月的磨难打败，很容易就放弃暂时达不到的目标。

当你的底气足够支撑你想要的东西，你才能够把握它、拥有它、制服它，让它为你所用。

你的努力都会成为你的底气，有了这些底气，你才能守住想要的东西，才有能力去守护你爱的人，才会在这漫长而艰辛的岁月里，有不轻易被击倒的勇气。

# 做事全力以赴，但不要太“认真”

01

有没有发现，有时候，你玩儿着做一件事情的时候，往往能做得很好，得到的结果经常跟中了彩票一样让人惊喜。

别人问起有没有什么成功秘诀的时候，你谦虚地说都是靠运气，而且有时候你自己也觉得有些运气的成分在里面，因为你没有通宵达旦费尽心思地去做这件事情，也算不上多么努力啊，但它就是办成了。

可有的时候，你拼了命想要做到的事情，茶饭不思心急如焚忧虑重重，结果却总是差强人意，于是你又很沮丧，明明付出了这么多，怎么就得不到想要的结果。

情侣之间的相处也是，两个人成天打打闹闹说说笑笑，看上去不甚认真的样子，感情却越来越深厚；倒是互相在意起来之后，今天他跟别的女生聊天你吃醋，明天你与别的男生吃饭他生气，一条微信发出去一个小时了还没回复，电话也不打一个……明明这么认真地想要和他好好谈恋爱过日子，怎么两个人吵架反倒是多了起来，怎么整得要分手了呢？

工作中当然也有，轻轻松松做出来的方案客户一眼相中，直夸高端大气上档次；夜以继日赶出来的PPT对方却指指点点说不符合他们的要求。

人际关系更别提了，不痛不痒地开着玩笑，大家嬉笑怒骂不当真的时候，氛围一片祥和；一旦你在意了，成天想着这个同事别忽略，那个同事可以走近点，却又觉得遇到了瓶颈，为什么你真心为他们考虑了，大家反而走得远了？

网络很多段子、玩笑、自嘲、XX体层出不穷言论自由的今天，很多从前的褒义词变成了贬义词，很多曾不被主流价值观认可的词语被我们拿来自嘲，然后有人说这不符合逻辑，他很认真地指出这些用语的语法错误、逻辑错误、用词环境错误……结果懂得自嘲和幽默的人越来越快乐，困惑于不懂这种概念的人觉得自己格格不入。

是因为应验了那句流传已久的话——认真就输了？

02

先讲一件我自己的事情。

去年我考驾照，我们这批同一天考科三的学员有十来个，男女比例一半一半。

男生普遍悠然自得很淡定的样子，女生则超级紧张，其中两个女生多报了好几次VIP，反复练习直线行驶和百米加减档。

我们几个人还开玩笑，说最近做梦都在练车，醒来一身冷汗，感觉整个人要被练车给压垮了，精神高度紧张。

再加上教练对我们要求很严格，出一个错误几乎要被说好几天，还有可能成为队伍里的反面教材，白天不停地排队练车，晚上隔三岔五地做梦练车，简直要压抑死了。

结果考试的时候，有一个女生没有过。

我们考完之后在门口等大部队集合，没过的女生说，她很冤枉，她第一把直线没过，第二把直接挂在了灯光模拟考试上，连点火起步都还没有，简直冤死了。

我们纷纷安慰她，对她说有可能太紧张了，下次再好好考，没事儿没事儿。

实际上，不是有可能，是确定，她真的太紧张了。

她每天都是最早去驾校练车的，笔记本上签到的记录，她的名字每天都在最前面，她每次练车时间都比别人要长，因为她要问教练很多问题，还会多练习个一两圈，甚至考试的前两天，她还比我们多花钱去练了VIP。

所以，她没过，我们也很惊讶。

明明她比我们都要认真，明明她付出的更多一些。

我们难道算误打误撞吗？

每个人都希望自己一把过，一把过不了，第二把过也行，两次机会都用完之后，就要补考了，没有人愿意补考。

我们与女生一样，付出了同样的努力和期待。

大概唯一的不同，就是她过于纠结付出所要得到的回报，我们的心态，没有她那么用力。

你不得不承认，心态这个东西很重要。

我经常觉得，做一件事情，要抱最大的希望，尽最大的努力，然后做最坏的打算。认真过头，过分纠结于枝梢末节，过分的较真和追究，反倒会导致自己心态失衡，精神高度紧张，是为矫枉过正，从而做事失败。

因为你把这种过分的认真植入自己的大脑，影响了很多正常的思维和判断，失去了主动权，被事情或人牵着鼻子走，这才造成了输的局面。

03

小法是一个典型的没心没肺的女孩，有一阵，她特别喜欢“认真你就输了”这句话，她觉得自己就是个不认真的正面教材。

你看啊，她从来不看男朋友的手机和微信，男朋友与同事聚餐，她大方地说去吧去吧，聚会里有美女的话就晚点回来。

通常她工作的时候是全神贯注的状态，不会中途玩耍或者拖延到第二天。她早晨去了公司，能一直在办公位坐到中午吃午饭，等她完成一项工作的时候，她才会恢复嘻嘻哈哈的样子。

但她很少加班，她的工作效率数一数二，我想这要得益于她分得清楚什么时候认真，什么时候可以不认真，这样，一切才能获得均衡。

跟她相处绝对没有压力，是如沐春风的感觉，而很多小细节又让你感受到她的真诚。约好了吃饭，临时有事情给她打电话说过不去了，跟她说sorry，她说没关系啦，正好她想去做个美甲，下次再约，而不是抱怨你怎么这样不守时。

她不太计较日常的得失，会先去付出一些，比如钱、时间或者感情，我们问她，没有回报岂不是太亏了，竹篮打水啊。

小法说，不必太计较得到，你做得好，自然水到渠成，重要的是你要有一个很好的心态去包容事情本身，这让你的格局变大，而不是锱铢必较。

倒不如换一种思路，你和爱人之间的争吵，有可能是你爱得过于用力了，你将他的缺点不断放大，你想要帮他改正，你觉得是为他好，殊不知，他并不以为然。再说，性格定型之后，我们自己想要改变都难，何况他要为了你抛弃二三十年的生活习惯，显然也不现实。

我们常犯的错误就是，总对陌生人宽容，对最亲的人责难，如果把对待陌生人的不认真与最亲的人颠倒，可能大家都会怡然自得，感情也许会更好。

你做的方案也许由于过于认真导致的压力，而让自己的作品脱离了原本应该有的创意，造成了一定的古板或者模式化，等你真正轻松起来，大脑思维也能更好地发散，你想出的点子可能会更加符合客户需求。

普通的人际关系，大家都喜欢轻松的氛围，有说有笑就好，不必太去纠结今天他说了一句话，不知道真心开玩笑还是假意调侃实则有意见。那样你不仅会累，而且也会导致你心理上对同事的看法出现偏颇，然后你在与他的日常沟通中，也会出现抵触心理，时间一长，有可能导致你的人际关系越来越差。

真诚是对的，不论对事，还是对人，但过分认真是不可取的，这会让我们失去理性的思考，压力下的紧张和失衡的心态，才是输掉的罪魁祸首。

我们做事，当然要认真，要全力以赴，但不能“认真”过头，否则，输了心态，适得其反。

# 你是如何从野心勃勃变得安于现状的

01

五年级的何小安想当一名班主任，她觉得当老师是一项伟大而光荣的职业，她说如果将来她做了班主任，一定要把班级管理得井井有条，无论成绩好坏，都会得到应有的尊重，一视同仁，她要成为拯救教育界的一颗明星，名入史册功留千秋。

初一的何小安想拥有一家自己的公司，她在日记里写：我要开着宾利奔跑在高速上，享受风在耳边呼啸的快感，我要坐在最高层全景落地窗的办公室里，在每一份起决定性作用的合同方案上签下我的姓名。

高三的何小安，目标是美国麻省理工学院，并考取世界范围内人才寥寥的北美精算师资格，她说，所谓梦想，就要宏远一点，不论做不做得到，都要努力。

大四的何小安，想要进入一等外企，优越的外语成绩，靓丽的青春样貌，充足丰沛的精力，工作中的升职加薪那还不是势如破竹手到擒来的事情吗？

事实是，28岁的何小安既没有成为教育界的超级英雄，也没有坐在真皮椅子上签合同，更不必论精算师的资格和外企的主管高层位置。

何小安的朋友圈状态从一个个激情澎湃的鸿鹄之志，变成了岁月静好现世安稳的祈愿，然后又成了生不逢时怀才不遇，最后只剩下“平凡可贵”的自我安慰。

她给我打电话，聊起近况。

她说：在一家人少的私营企业，拿着一份不高的工资，找了个工资略高于她的老公，在那个潮湿的南方城市，过着混吃等死的日子。

想了想，又开口，不知道是安慰我还是安慰她自己：也没什么不好的，我要知足常乐。

我问：从前不是很要强，从不输人吗？

她沉默，然后回答：很早就没有那些激情了。

碰巧我去她的城市出差，她约我出来小坐，在与她的闲聊中，我对她的近况有了一个比较全面的了解。

当年她是要出国的，可是她妈妈说，国外的生活很辛苦，言语不通，生活习惯不同，她自小娇生惯养的，肯定受不了。何小安想象了一个人背井离乡的日子，想象了人生地不熟连个知心朋友都没有的样子，便没有坚持，她不愿意吃苦。

后来她考到了一个还算不错的学校，学了当时很热门的英语专业。她的学校在一线城市，她想进外企的决心也是真的，然而毕业之后的求职路，漫长而修远，周围的同学劝她：找个差不多的就得了，要求别那么高。父母也劝她：回家来，留在我们身边，不要在外漂着。然后七大姑八大姨也来劝她：一个女孩子在外边算什么事，回家来趁早结婚生子才是要紧。

年轻的何小安遵从了父母的决定，回到了南方小城。

本来其他事情都能妥协，爱情上仍然坚持宁缺毋滥的何小安，在27岁那一年，还是接受了相亲结婚的命运，原因是在他们那座小城中27岁已经是剩女中的剩女，父母每天都像热锅上的蚂蚁，恨不得在大街上拉个男人回来娶了何小安。

何小安开始怀疑自己的坚持是错的，她陷于一种不结婚即是大逆不道的舆论里，邻居、亲戚、同学，似乎都在议论纷纷，她终于还是放弃了，想着没准婚姻可以给她带来一些不一样的生活，以此来挽救如同一潭死水的自己。

她的丈夫工作成狂，半夜归来，清晨离开，于他而言，家更像一个酒店，唯一的不同就是不用每天续付房费。何小安安慰自己，有个喜欢挣钱的老公也不错吧，至少自己不用为钱的事情过分操心。

一年之后，何小安怀孕，丈夫说：把工作辞了吧，专心带孩子。

何小安答应了，她说她越来越懒了，也不再像从前一样，对生活有很多梦想，好像当个全职妈妈也没什么不好，得过且过也是过。

她低下头，一手托着脸颊，一手用汤匙不断搅拌杯子里的咖啡，说：可是不知道为什么，经常会觉得怅然若失，总觉得生活一点意思也没有。

日复一日的重复，年复一年的重复，确实没什么意思。

那大概是因为，在与岁月做斗争的这些年里，没有实现的目标，以及身边不断的打击，连带着那些被岁月磨平的棱角，让她对生活失去了欲望。

02

有一个很著名的实验，叫“温水煮青蛙”。

将青蛙投入已经沸腾的水中时，青蛙因为受不了突如其来的高温刺激而立即从开水中跳出来逃走；但是如果把青蛙先放入装着冷水的容器中，然后再加热，结果截然不同，青蛙会因为开始的水温舒适而在水中悠然自得，直到水温持续增高到无法忍受时，已经无力反抗。

据说后来有一个生物老师反证了这个实验，论证了水温达到60度的时候，青蛙便已经迫不及待地跳出去。但无论实验成立与否，道理总是没错的，习惯了安逸，就失去了反抗的勇气和力气。如果没有加温到60度，青蛙还会继续待在容器里，示范坐井观天吧。

生活有时候并不会将你一下子置于死地，它会出其不意地制造一些小麻烦。比如周遭的人际关系，比如亲朋好友的意见，比如一次没有拿捏好的抉择，比如一次不该放弃的放弃或不该坚持的坚持，慢慢地、一点一点地打击你前进的信心，久而久之，你只好安慰自己：大概这是命运早就安排好的一切，实现不了愿望，没有那种命吧。

于是所有的雄心壮志被全部推翻，从开始的我一定要成为一个什么样的人，变成我也许能做好这些事情，再到我做不了这些事情我没那种能力，最后只剩下一句：算了，就这样吧。

不得不说，困境的样子总是千奇百怪，说不好哪一个就成了让我们对生活失去热情的原罪。

03

我有个朋友说起她的叔叔，郁郁不得志了30年，从20岁到50岁。叔叔当年是村子里唯一的大学生，长得文质彬彬，写得一手好文章，一心想要去城里的报社工作。

那个时候，叔叔家虽然穷，但是家规很严，父亲的话就是权威，父亲说一个男人不要成天写什么无用的文章，娶个媳妇回家种地来年有个好收成才是正经，叔叔没敢忤逆。

于是她叔叔就娶了个邻村的女人，过起了与父辈同样的日子，日出而作日落而归。朋友说这些年她叔叔过得很清苦，不是缺少物质的那种，是精神上。叔叔抽烟酗酒相当厉害，酩酊大醉常有，仿佛没有了依托，每一天都过得无所谓，除了酒，对一切都不热衷。

直到有一年，朋友春节回家，与叔叔举杯对饮，喝到尽兴时，叔叔突然哽咽，他说：这个时代很好，可以坚持自己想要做的事情，你还年轻，要把握和珍惜，有些机会一旦错过了，就是一辈子。

朋友说她觉得很矛盾，一方面理解叔叔的怀才不遇，一方面又觉得他咎由自取，因为这些年，他不是没有机会改变现状。

叔叔结婚后的第四年，他同学从大城市回来说他们的单位需要一个写文章的人，想起叔叔当年文笔非常好，便问问叔叔愿不愿意去城市里重新开始写作生涯。但是叔叔在村里开了一个小卖部，总体而言，小卖部的生意让他的生活条件成了村子里的中上等。

叔叔割舍不下这样的安稳，不愿意换一座城市重新开始。

大概正常人都会做这样的决定吧，因为家庭，因为稳定，这样的抉择无可厚非，但选择之后还抱怨就显得不合时宜了。

还有一次，村子里的学校缺老师，校长找到朋友的叔叔说：你有文凭，不如来学校里当老师吧，只要你去考一个教师资格证就好。

叔叔开始是很激动的，但是一想到还要通宵达旦地学习考证，然后要准时准点去学校上班，他就犹豫了。这些年过惯了自由散漫的日子，尽管心里对当年错失的机遇耿耿于怀，这种感觉却越来越淡了，淡到他甚至没有为之再努力一次的欲望。

他最终还是放弃了这次机会，继续过着他开小卖部的安稳日子。

04

一个人离自己当年的梦想越来越远，有的时候是因为生活所迫，有的时候是因为“生于忧患，死于安乐”，随着年龄的增加，越来越不敢轻易地改变现状，于是，那些所谓的野心，也就变成了尘世里的沙子，风一吹，就散了。

张爱玲说的那句“成名要趁早”，我是这样理解的：年轻的时候，对生活的好奇和探索相对来说处于比较有欲望的时期，精力和体力都跟得上，时间比较充裕，对自己自信，对未来有期待，所以在一个领域去坚持，容易成功。

而随着年龄渐长，已经被社会无情地打击了N遍的时候，人们对生活的期望值就会不断下降，对自己的要求不断降低，终于从野心勃勃变得安于现状，然后找很多借口告诉自己，平凡没什么不好的，现在也没什么不好的，那些曾经的愿望或许本来就不属于自己。

当你对生活给你下的绊子没有及时做出应对的时候，就有可能在打击里变得信心全无、余力不足，而任由磨难大行其道，渐渐地，对这些磨难从疲于应付到难以应付。

其实你可以在一开始就把这种消极扼杀的，从一开始就坚定你的愿望，不论受过多少挫折，只要有希望，就去上。

05

我在网上看到过一句调侃：间歇性踌躇满志，持续性混吃等死。

这可能是很多人的现状，包括我。

可是，如果你懒于改变，那么你就要忍受以后几十年如一日重复的人生，还有时不时地自我安慰：算了吧，安稳点才是好的，没实现就没实现吧，那么多人都没得到自己想要的，也不差我一个。

你的野心勃勃也终将渐行渐远，直到你再也不知道“野心”这个词语该怎么写。

并不是说一定要去为难以实现的梦想买单，而是不应该在明明可以努力奋斗的年纪，却选择了毫无斗志，还劝说自己这是知足常乐。“知足常乐”这个词语应该用在“足”之后，没有充足的金钱和时间，何以谈“足”与“乐”？

你要怀揣着野心的雄狮，让它发光发亮，让它尽情嘶吼，让它助你拔山盖世。多年以后，你才能够站在碧海蓝天之下，拥有你当初梦想拥有的一切，不负这光辉岁月。

你脚下，皆是你用年轮努力拼来的基石，它们让你站在最高处，散发出耀眼的光芒。

# 每一种选择
# 都有它的道理

01

前几天跟橙子打电话，聊起彼此近况，得知她已被提升为主管，工资涨了，奖金多了，部门内的很多事情，也有决策的权力了。

挂掉电话，我想起两年前，那个时候，她刚刚放弃家乡小城的安逸生活，只身前往集政治经济文化于一体的一线城市，正式开始北漂生涯。

她找了一份经理助理的工作，小公司的经理助理，名称好听，其实说白了就是打杂的。办公室的卫生打扫要管；各种办公用品的用度要管；物业费水电费也要管；公司搬家她要货比三家，挑个性价比最高的搬家公司；财务没到位，她还要兼职跑税务局，打理公司账务；日常接收传真、打字复印这些小事情更不必说。

有一次，经理给她一张支票，让她去银行兑换成现金。单纯如她，甚至都没有意识到财不外露更安全的法则，只简单地管银行工作人员要了几个现金袋，装好几摞毛爷爷，傻乎乎地就抱着回了公司。幸好银行离公司不远，她之后回忆起来都觉得后怕。

她租的房子是一间七平方米的小阁楼，天花板很低，只有两扇小窗户。她每个月拿到一千八百元的工资，除去房租水电和吃饭穿衣，所剩无几，她的衣服都是去夜市淘的，商场里的品牌她连试一试都不敢。

如此几个月之后，她跟我哭诉，说她后悔了，这不是她想要的生活，一切都不该是这个样子。

我无法安慰她，只是一遍一遍地重复：没关系，万事开头难，不要哭啊。

我不知道是什么成了她的动力，促使她去改变这种状况，我只知道，她后来换了一家公司，工资从一千八百元涨到三千，又涨到六千，再后来，她升职加薪，成为今天的主管，具体工资涨到多少我不清楚，但我清楚，她已今非昔比。

橙子最后在电话里以这样一段话结尾，她说，其实想想当初的选择也没错，虽然住的是阁楼，但最起码比地下室强，每天还能见到一些阳光。虽然当时工资低，干的都是没什么技术含量的杂活，但是经理人好，对她说只要是她学习一些有用的知识，买书的钱公司都可以报销。没有当初这些苦做铺垫，哪里有后来的坚持和现在的好转呢？

橙子之所以有今天的成果，是因为她已经了解到，后悔根本没什么用，只不过把此时此刻的懦弱和困境更加放大了而已。自怨自艾的人生，势必将自己困在后悔和失望里无法自拔，从而也就看不到逐渐变好的未来。

02

我曾做过很多后悔的事情，比如放弃了我人生中第一份非常喜欢的工作。

那一年我20出头的年纪，好奇而任性，误打误撞进入了当时的公司，庆幸的是，公司规模比较大，行业也非常有前景，在我离开之后没多久，公司就上市了，当然，这是后话。

更让我庆幸的是，在我最初面向这个社会的时候，我遇到的都是好人。经理的管理方式特别民主，工作上知人善用，生活上能帮我们的绝不含糊，对我也是格外照顾。同事们相处得不是一般的融洽，每个季度公司都会给各部门批部门经费，于是我们隔三岔五就能去山庄旅旅游，去海边度度假，去KTV唱唱歌，去楼下出名的私家菜馆聚个餐……

如果你问我，人生中哪一段职场经历最难忘，我一定告诉你说，是这一段，这一段特别美好的时光。

以至于我现在想起来都觉得，当初不该那样轻易离开。

但其实，我只有在不如意的时候，才会特别后悔。比如有一年我找工作，怎么也找不到合适的，不是工资太低，就是对公司环境不满意，偏偏自己喜欢的企业又相不中我。就在那个时候，听闻我当初离开的公司已经上市了，于是我就陷入了一种悔不当初的模式，状态十分不好。为什么这么好的公司我要走呢？为什么我不能理性一点功利一点顺势而为呢？

就好像错过了那个公司，人生就毁了一样。

然后没多久，我重新找到一家更好的公司，有了相处更加愉快的同事，我便很少怀念从前了。

对，我告诉你，与薄情无关，这就是人性。你有了新恋情的时候，根本不会哀哀戚戚地想念前任；你有了新朋友，便很少去怀念已经失去的老朋友；你有了更好的发展前途，就不会再想去重复过去的经历，你会很坦然地跟自己说，幸亏当初离开了，才有了如今更好的机遇。

人，只有在对现状不满意的时候，才会过分放大曾经的美好，来对比当前的悲哀。而其实，如果现在过得比过去好一万倍，谁还会活在回忆里呢？连想念过去的时间都没有。

03

有一位读者妹子给我留言说，她由于种种原因选错了专业，觉得非常后悔，目前处于一种自我放弃的状态。

她不想去上任何一节当前专业的课，不想打开任何一本与当前有关的书，一想起如果当年没有错报，便不会有今天的苦果，她不愿意接受现状，自我封闭非常严重，很长一段时间都不会笑了。

在她的学校，转专业很困难，她一边对渴望的专业求而不得，一边在自我悔恨里苦苦挣扎。她说她也很想努力去面对，但是只要一给自己做假设，假设当年没有选错的话，今天的一切会完全不同，就忍不住大哭，后悔得无以复加。

可是后悔有没有用？没有，一点都没有。

后悔只能让妹子以泪洗面度日，只能让她更加坚定当初的选择是一种错误，只能让她更加无法面对现在，从而虚度光阴。

不如静下心来想一想，有没有什么解决的办法，比如既然不可更改现状，那么就尽最大努力学好目前的专业，不喜欢也没关系，这世上几乎有一半人都在做着自己不喜欢的事情。学不好也没关系，至少你尽力了，很多年后想起来不至于再次后悔。转专业困难，但并不是一成把握都没有，如果成功，也算个意外之喜不是吗?

换一个角度想，假如当年没有报错专业，你也未必会比现在过得更好。妹子，并不是我要打击你，而是我们把得不到的事物和没有选择的路想象得过于美好。

每个人在逆境中，都会对当初的选择产生怀疑，会想我当初放弃了那么多，不是为了今天这种看上去永远都好不起来的生活，也会觉得如果当初选择另外一条路，或许会好走很多。

可是人生哪有如果，没准你选择了另外的道路，会荆棘百倍、荒草丛生，还不如现在清欢自在。

而只有你努力接受现状并改变现状，你才能走出这个牢笼，当你成功的时候，你会觉得，每一条路都有它的道理，你不会白走一趟。

04

《唐顿庄园》有一集圣诞特别篇，马修子弹上膛，举枪瞄准空中飞翔的鸟，玛丽对着天空说：我不知道哪个更糟糕，是打中鸟的悲哀呢，还是没打中的遗憾?

所有事情都具有两面性，美好与糟糕，看你站在什么样的立场上。

这不断往前走的人生，就是有得有失，也会患得患失，每个人都会有很多次做选择的时刻，而这些经历和选择，以及后来为选择所做的努力，成了我们目前的人生。

我曾无数次想要回到我的17岁，让一切重新开始。我要好好学习去考我喜欢的大学；我要留住那些我想留住的人和事物；我要改变我犯过的错，让自己变得完美一些，至少不要看起来特别蠢；我甚至想象，只要我改变了其中的一些小事情，我的人生轨迹都会不一样。

可是时光永远不会倒流，我们都没办法回头。

看《蝴蝶效应》的时候，总会有种深深的无力感，伊万每一次回到过去，想要改变，却总让事情变得更坏。

这是否就寓意着，即便我们有回到当初的能力，我们改变了其中一些选择，我们仍然会有各种各样的烦恼，甚至比现在过得更糟糕?

我们对选择的期待，一定是希望可以让自己比以前更舒心，无论物质方面还是精神方面。

但是人都是不满足的，不论怎么选，都有后悔的时候，无论哪种选择，终究也可能会有物是人非的那一天。

所以不是选择错了，而是人性如此，后悔也没有用，当下的才是最好的人生。

# 如果没有方向，怎么走都是游荡

01

前年冬天的时候，我报了一个会计班。

老实说，我报名的初衷，是希望在自家公司的账务上获得些话语权，当会计跟我讲一些东西的时候，我不至于一无所知。再说多学点技能，多考一个证，总是好的，技多不压身嘛。

当时，我做着一份不甚喜欢的工作，应对一个没有任何技术含量、随时可能被取代的职位，对全职妈妈之后重新步入职场没有任何的规划，就像混日子一般，得过且过。

考会计证的念头在这个时候出现，其实很不合时宜，因为我的工作与会计不沾边，我之前从事的职业也与之无关，而将来，我更不打算从事会计这个行业。

所以，上了几节课之后，我的状态还是蒙的，就像一个半路出家的和尚，不光摸不着头脑，甚至有点不明白自己为什么出家，仅仅是头脑一热吗？

好在前几节基础课，都是讲一些概念类的东西，有点像上学时候的语文，背诵一些比较基本的专业术语的解释，再做一些类似阅读理解的拓展就好了。

有些事情，如果一开始是容易的，那就说明难的都在后面，于我来说，会计课就是这样一个流程。

渐渐地，我发现跟不上了。

增值税的计算，所有权益总额的计算，作分录，算资产，借贷关系，原材料、成本和利润，一朝回到解放前，感觉时光一下子回到了高三不断做几何题的日子。

每天下了班去上课的路上都如临大敌，无比痛苦，甚至有一次，我实在不堪忍受而逃课去逛商场，刷卡买了好几件衣服心里才舒服一点。

那段时间，我很渴望时间过快点，让我参加考试，无论过与不过，都痛痛快快的，总好过眼前的凌迟处死，每一节课都像刀，给我压迫，让我无时无刻不在感受疼痛。

后来，我考试没有过，证也没有考下来，我倒是没有半分不甘心，而是想着终于解脱了。

我有些愧疚，也有些难过，但我确实没有不甘心，我觉得那个不及格的分数是我应得的，因为这门课程是我勉强自己去做的，我没有心甘情愿，也没有全力以赴。

这不是我的强项，也不算一个明智的方向。

我有时候也会怀疑自己，怎么如此不争气，为什么就不能好好听课，钱花了，时间也浪费了，继续拼一把说不定结局就会不同，说不定又是另一番风景。

这种怀疑直到我看到艾力的一句话才有所改观：如果没有方向，怎么走都是游荡。

我想，我的方向可能错了。

学很多一辈子都可能用不到的技能，不如去学自己有兴趣并对自己的职业或者人生有帮助的技能。

专业化，远比多方面都略懂却多方面都不精通，要来得更实用。

所以我决定主动放弃会计证的补考，重新规划了职业和学习生涯，后来，我重新回到了自己热爱并擅长的领域。

方向对了，你的兴趣才能支撑起你的努力，你的努力才会彰显效果，而不是一边怀疑自己的能力，一边后悔当初的选择。

02

我十分佩服我的一个朋友，因为她是那种懂得自己要什么的人。

她当初上的师范学校，毕业之后在本市的一所私立高中实习，当语文老师。由于讲课生动有趣通俗易懂，内容不枯燥，深受学生们喜爱，再加上她又年轻，能够与同学们玩到一块去，于是，她在那一年的任职生涯里，影响力还是比较大的。

没多久她便成了正式的任课老师。

校领导找到她说，想让她升任高三的一个班的班主任，我这个朋友思索良久，拒绝了。

我得知这个消息的时候，惊讶得不得了，有人会拒绝名利双收吗？

事实是她确实拒绝了，她给校领导的理由是，她不适合做管理方面的工作。

朋友说，她现在带两个班级的语文课，白天上课监督晚自习，批作业给学生写建议，回到家，她还要写作。她在一个写作的网站写文章，已经积累了大批的读者，她会写自己对生活的感悟、当老师的经验、读书的心得，甚至包括对中国古代文人和中国历史的一些研究。

她拒绝的原因，一个是她很感性，虽然能跟同学们玩到一块去，却真的不适合做管理层，因为没有理性行为支撑的管理，很容易感情用事，容易散。

另外一个原因，就是她喜欢做语文老师，也喜欢写作，如果要把这两者平衡，她势必要牺牲一些什么，当班主任要耗费的精力实在太多，不是她本意。

朋友说她并不是想要逃避什么责任，或者矫情，只是她更明白自己的方向在哪里，避免造成不必要的资源浪费。

事实证明，她的选择是正确的，她的读者越来越多，不断有相关的杂志来找她约稿，她写的文章多次发表在校刊上、杂志上，还有本市的一些教育网站上。

她成了那所私立中学声名在外的语文老师。

如果她当初应允了班主任的职位，可能留给写作的精力就会少很多，就不会有今天她想要并且喜欢的状态。

一个人，总要看到自己的长处在哪里，自己的需要在哪里，找准了自己的方向，才不会让自己在前进的道路上迷失，才会有更多的准备，一步步去得到自己想要的人生。

03

曾看到过一个命题作文资料：有两只蚂蚁想翻越一堵墙，寻找墙那头的食物。一只蚂蚁来到墙脚就毫不犹豫地向上爬去，可是每当它爬到大半时，就会由于劳累、疲倦而跌落下来。可是它不气馁，一次次跌下来，又迅速地调整一下自己，重新开始向上爬去。另一只蚂蚁观察了一下，决定绕过墙去，很快这只蚂蚁就绕过墙来到食物前，开始享受。而另一只蚂蚁还在不停地跌落下去又重新开始。

那只善于观察地形并绕过墙的蚂蚁，无疑找到了正确的方向，少走了很多冤枉路，可以更快地吃到食物。

行动的方向是成功的基本前提，所以，不要盲目出发，先想想你的方向在哪里，你擅长的事情在哪里，这样，才能把你的能力最大限度地发挥出来。

# 别用杞人忧天
# 毁掉一切可能性

01

从前在杞国，有一个胆子很小的人，他对很多事情都感到忧虑，有一次他坐在门前自言自语：“假如有一天，天塌了下来，那该怎么办呢？我们岂不是无路可逃，而将活活地被压死，这不就太冤枉了吗？”从此以后，他几乎每天为这个问题发愁、烦恼。朋友见他终日精神恍惚，脸色憔悴，都很替他担心，纷纷来劝他：“你何必为这件事自寻烦恼呢？天空怎么会塌下来呢？再说即使真的塌下来，那也不是你一个人忧虑发愁就可以解决的啊，想开点吧。”可是，无论别人怎么说，他都不相信，仍然时常为这个不必要的问题担忧。

迄今为止，地球大概转了46亿年，仍然继续自转和公转，天没有塌，世界末日没有来，地球还将继续存在下去。

以上这段话，是我给一个读者回复的邮件正文。

读者是个19岁的姑娘，姑娘说，她最近很焦虑，与同学之间开玩笑，总担心对方因此当真而失去友谊，于是她与同学说话小心翼翼，说出口的话也本本分分规规矩矩，从不过分开玩笑；每天早晨起不来床的时候都会想，考试不及格拿不到毕业证就完了，到时候学白上了，钱白交了，名声也完了，想睡觉又睡不踏实，醒来又没什么动力去学习；她无数次担忧毕业之后找不到工作怎么办。每做一件事情之前，她都会想到最坏的结果，然后不断地焦虑担忧，不断地心里不痛快情绪不稳定，最终，事情果然如她所预料的那样，不是搞砸失败就是黯然收场。

姑娘很困惑，苦恼，她觉得自己内心充满了悲观。

于是，有了开头我给她回复的那段话，杞人忧天。

墨菲定律说：如果你担心某种情况发生，那么它就更有可能发生。

为什么？因为，你的焦虑和心理暗示都在误导你，从而导致你没有充分的准备和全面的精力去解决处理这件事。

比如，你总是担心找不到工作，你这种担心，会占用你很多的时间。你不断地假设将来找不到工作怎么办，父母亲朋会怎么看，就算找到了工资低怎么办，没有发展前途怎么办。你被负面情绪所牵制，越来越不相信自己，精力被这种负能量消磨殆尽。

时间一点一滴地过去，你的时间都花在了这些忧虑上，你没有更多的时间去努力解决事情本身，于是，只好任由事情自生自灭，最后，发展到了你“预期”的样子——最坏的结局。

这个结局，其实是你自己一手助推的呀。

还有另外一种情况就是，你的忧虑毫无用处。

有些不能改变的事情，不可抗力的因素，你担忧也无用，它照样会发生。

你害怕黑夜到来，这让胆小的你恐惧，它依然会到来；你渴望得到某一样东西，但你没有那么强的能力，你依然得不到。

一个人的时间用在什么地方，是能被看到的。俗话说种什么因得什么果，担忧不会为你解决任何事情，还有可能让事情朝着最坏的方向发展。

02

我的同事玲姐，我很少看到她忧虑任何事情，她平时爱说爱笑，是正宗的开心果一枚。

有一次我们等电梯，她一直在旁边叽叽喳喳说个不停，我说玲姐请你饶过我的耳朵，玲姐白了我一眼说，没事儿，我说我的，你不听你的。

我就好奇了：你不介意？

她说不介意啊，她说话只是为了表达自己爱说话的欲望，别人听不听她不介意，如果一天不让她说话，她会憋死的。

我对她这个论调很惊讶，在这个玻璃心盛行的年代，居然有人说话只是为了自己的口欲，而不在意他人的评价。

坦白讲，我是那种能够一整天不说一句话的人，如果在我安静的时候有人强行拉我聊天，我会很焦虑。

玲姐这种论调让我觉得，做任何事情都不必想太多，取悦自己就好。

想太多并不能给我们带来一些实质性的帮助，相反，还会增加我们的负担。

如果玲姐说话之前都要想：别人不喜欢听我说话怎么办，别人听够了暗地里觉得我烦人怎么办，别人知道我太多事情怎么办……她会非常累，也就不会每天都这么开心了。

事实恰恰相反，我们都喜欢她开得起任何玩笑，我们也爱极了跟她一起玩耍，因为不累，因为开心。

你看，如果我们总是担忧人际关系，有可能越紧张越处理不好；我们太在意某种负面情绪，有可能还加深这种情绪。

这些不切实际的事情，其实只是我们的大脑有的时候想当然所得出的结论，自我的一种心理暗示。如果你收起这些自我暗示，告诉自己，去努力就好了，别担心未知的结果，做最好的努力，最坏的打算，就够了，其他的，交给时间。

世上本无事，庸人自扰之。

# Part 5

## 爱情不是较量，主动权没那么重要

任何关系都是如此，总有猜疑、争吵、不信任、不体谅、作、闹，甚至恨……可我们总该记得，初心是什么，如果能够大事化小、小事化了，未尝不是一件幸事，让那些不舍得丢弃的爱，还可以继续。

# 爱情不是较量，主动权没那么重要

01

余小蒙再次跟我聊起T先生的时候，他们已经分手三个月了，余小蒙的脸上依然存着不合时宜的遗憾，言语间颇有些怀念的意味。

她与T先生是通过相亲认识的，彼时，余小蒙适逢家人耳提面命的催婚，T先生刚好也有了要安定下来的打算，于是两人在余小蒙的表姐的婆婆的邻居的牵线下，第三次见面之后就确立了恋爱关系。

余小蒙，女，身高一米六五，长发披肩，肤若凝脂，属于走在街上回头率蛮高的女子。

T先生，男，身高一米七八，颜值算不上特别招眼，但胜在气质优良，工作稳定。

余小蒙说其实他们对彼此是很中意的，但几番相处下来却觉得很累，感觉话里话外都是套路。

我问怎么回事，余小蒙便把他们相处的细节告诉了我。

大概是都有了些不同程度的人生阅历，两个人的相处完全脱离了恋爱中应有的幼稚和浪漫，每个问句里都透出试探，每句话似乎都在脑子里过了千百遍才说出口，而没说出口的，仿佛就是在为自己留好退路。

比如微信聊天，余小蒙很多时候都想一股脑把当前发生的事情给T先生发过去，诉诉苦撒撒娇，可是在看到对话框显示对方正在输入的那一刻，她把心里的想法压下去，重新换上高冷的状态，施施然回复了两个字：嗯呢。

余小蒙很少给T先生打电话，且从不对T先生表现出来的殷勤有任何感动的表现，尽管她对T先生的依赖越来越明显，却仍然要让T先生觉得他的殷勤是理所应当的，谁叫余小蒙是个女人且还有点资本呢。

T先生出差，余小蒙的思念就像春天的新柳发了芽，又像寒冬的蜡梅开了花，可实际上呢？她一边在书桌旁用钢笔写着“平生不会相思，才会相思，便害相思”，一边对着电话里轻描淡写：“嗯，我先睡了，明天还要跟朋友出去喝茶。”

再比如，余小蒙从不掩饰有另外优秀的男人追求自己，这似乎印证了余小蒙有资本的概念：你看，多的是想要献殷勤的人，你得珍惜。

余小蒙的心理活动是：不能露怯，谁先认真谁就输了，爱情里主动的必须是男人，不主动的男人宁可错过；不能太急于表达，会把人吓走，应该营造一个女神范儿的自己，欲擒故纵才是上策；异性朋友不能断绝，要让他知道本姑娘也是有市场的。

T先生呢？从某种程度上来说他也是一样的，他尽管殷勤，却半分急切的样子也没有，约会的时候气定神闲不像恋爱，倒像是与合作已久的伙伴聊一聊工作的规划而已。

余小蒙说，她觉得T先生对她的情意是明确的，有几次她明明看到T先生的车就在公司楼下，电话里他却说还没到刚出发。

他明明跑了半个城市去买余小蒙爱吃的湘西菜，却表示只是恰好路过，谁大周末的去离家几十里的饭店路过？

T先生的爱意在他们分手的时候，得到了证实，他说：其实很喜欢你，但不知道为什么总感觉很累，真实的想法得不到表达，每一次约会都把自己武装成百毒不侵的样子。

什么时候，爱情不再是随心所欲地表达“我想你”“我爱你”“很担心你”，而是变成了一场棋逢对手的较量，处处都在彰显计谋与策略，彼此就像电视剧里的演员，计算着谁在这场战役里略胜一筹，动用最高演技来飙戏，谁演技差，谁就输了。

爱情本应琴瑟和鸣，我们却草木皆兵，还在谋划着成王败寇。

每个人身上都涂了保护色，分不清真心还是假意，生生把这场爱情给错过。

02

我有个闺密说，她怀念上学时代的爱情。

她大学那会儿，喜欢上了比自己大一届的学长，她只犹豫了一个晚上，就去表白了。当时学长刚刚打完篮球赛，满头大汗，抱着衣服和矿泉水回宿舍，闺密在他走到通往宿舍的林荫小路上时，半路杀了出来。她的表白霸气而直白，就一句话：学长，我觉得你打篮球的样子特别帅，能不能做我男朋友。

虽然她的学长后来一直说，完全弄不清楚打篮球的样子跟做男朋友之间有什么必然的联系，但这并没有妨碍他们最终在一起。

闺密说那个时候的爱情是真的爱情，一日不见如隔三秋，下了晚自习俩人一直散步到宿舍快熄灯，熄灯之后又一直聊微信聊到睡着。彼此从不隐瞒心意，吵架了就生气，难过了就哭，对方来哄心情立马阳光明媚春风和煦，想撒娇就撒娇，不用提前打好草稿，不用约会前化一个小时的妆……那么真实的爱情，后来再也没有遇见过。

如今呢？如今再没有了当年的勇气，再也没有努力地去表白过，哪怕遇到的人很喜欢很喜欢，也要端着，等待着，踌躇着，掂量着他有几分真心，计较着付出与回报是否均衡。

我们越来越现实，恋爱前先确认对方有没有车子、房子、票子；我们越来越自我，吵架了不肯先屈服，还安慰自己，别低头，一个爱你的人不忍心看你流泪。

我们在锱铢必较里，越来越不会谈恋爱了。

03

现代人把尊严与态度都看得很重要，就算我爱你，我也不想让你轻易知道，都说轻易得到的不会珍惜，想必你也如此。我必须是高高在上的，你要来讨好我、珍惜我。我为自己留了一百条后路，所以哪怕你因此离开了我也不会很难过，那只能说明你的爱不够多、不够深。

这从另一方面也说明我们都在害怕，怕自己的全权交托换来他的淡漠，怕情难自禁的诉说只得一句回复“我知道了”，怕自己的缺点暴露在他眼里不再完美，怕真心会变，怕承诺他无法兑现，仿佛只有自己才能给自己安全感。

我们没办法百分百信任一段爱情，我们无时无刻不在想着抽身的时候要优雅从容。

可是，如果每个人都把尊严放在第一位，你如此我如此他也如此，那每个人，岂不是都在错过？

我们谈的是爱情，人间至情至性之事，不是最应该体现七情六欲、喜怒哀乐的时候吗？不是就应该坦诚以待、互诉衷肠才不枉称作爱情吗？为什么我们设置了一道又一道屏障，只为了永远占领着先发制人的高地，永远掌握着主动权？

04

以前，对着喜欢的人能写出几十首情诗，你侬我侬忒煞情多，给他看，虽然矫情，却乐在其中；情人节收到礼物恨不得昭告天下，欢天喜地的模样真是可爱的N次方；他的一句喜欢开心得想要飞到天上去。

后来，编辑一条微信都要想一想别有泄露了自己情绪的字眼；收到礼物也不想让他看到兴奋得睡不着的样子；把他的言行在心里过了千百遍，宁愿让星座决定我们合不合，宁愿问塔罗牌我们的情路是否坎坷，也不愿再亲口问他你到底有多爱我。

以前的我们，坦率直白，后来，年龄渐大，阅历增多，却发现，已经忘了如何去纯粹地爱一个人，我们总是挣扎纠结活在猜测里，总是精雕细琢好每一个词语才开口说话。

我们曾经坚信的，如今被我们怀疑着。

可是，爱情从来就不是一场棋逢对手的对决和较量，不能以成败论英雄，若一场恋爱只是为了下一场留退路，那我们恐怕永远也无法拥有一场真正意义上的爱情。

希望你不要失去当年的勇敢，希望你能拥有完整的爱情。

# 我的优秀，
# 不是为了你的回心转意

A：“上次你说前任夸你变得越来越好了，还想与你复合，你同意了吗？”

B：“没有。”

A：“为什么？”

B：“我努力变好又不是为了他，是为了我自己，他现在觉得我好了，可是我已经看不上他了呀，早干吗去了？”

这是我在一个餐厅听到的对话，隔壁桌的A和B是两个看上去很养眼的女生，有说有笑，有青春也有活力。

餐桌旁边的墙壁，雕刻着大朵的玫瑰，鲜红、扎眼，却又迷人，不禁感慨，姑娘说得真好，努力变好是为了自己，不是为了曾经放弃你的人。

想起以前一个客户公司的对接人，Candy。

我与Candy也算是工作中的患难之交，难得情投意合，两个人便借着工作之便经常一块儿看看电影喝喝咖啡，顺便聊聊人生。

在我认识Candy之前，她挺胖的，想象一下，一米六八的身高，搭配的是她一百六十八斤的体重，圆润、丰满、富态都成了她当时的代名词，这还算中听的，不中听的话就是“喂，你挡住我的信号了”。

在她胖的时间里，她喜欢上了隔壁部门的市场部经理G先生，那年的盛夏天，她开始了人生的第一场暗恋。

暗恋，是一个人孤单的相思。

Candy在这场相思里，倾尽全力。

她从此一改睡懒觉的习惯，每日第一个到达公司，在G先生来临之前，把自己的办公位收拾得一尘不染，对着卫生间的镜子补好妆容，然后装作不经意的样子，与迎面而来的G先生问候早安。

她从此爱上了钻研厨艺，于是网上查询了名望最高的厨艺培训学校，缴费，报班。每天下班都能看到她在超市里挑选果蔬调料的身影，然后根据学到的技巧经验，根据平时里观察到的G先生的口味习惯，练习着每一道G先生可能喜欢的菜肴，也许将来有机会，能够做给他吃。

她在每个夜里，胸腔里总会生出些许落寞的情绪。他在做什么？

与人约会，还是沉溺于别的女人的温柔乡？

她在每一个两人目光交接的时刻，总是心虚地先转过头，她害怕被发现，害怕连同事都没得做。

她的暗恋，近乎卑微。

这个世界上总是没有不透风的墙，也没有能够隐瞒一辈子的秘密，要么是通过别人传播出去，要么是你自己倾诉出去。

Candy的暗恋因为后者的缘故，成了明恋。

Candy有个要好的同事，两个人一起吃饭一起下班，工作中互相帮助，生活里私交甚好，于是这个同事知道了Candy的秘密。

不久之后，公司里的大部分人，包括G先生，都知道了这个秘密。

Candy找同事对质："是不是你说出去的？"

同事说："是，但我不是有意的，我只是替你做争取。"

Candy沉默不语，她从未想过得到他，只求远远地看着就好，毕竟……Candy凝视着镜子里的自己，暗恋给了她生活的勇气，却没有给她一个引以为傲的身体。

你自卑的事情，别人也经常会看不起，比如Candy的身材。

G先生不幸遭遇车祸，腿部受伤，需要住院调养，Candy觉得平日里在厨房耗费的工夫终于有了用武之地，于是早早下班，去超市里挑选最好的食材。鸡要乌骨鸡，姜要最完整的姜，各种调料，每一种都选择最贵的牌子，这样，炖出来的鸡汤，就是最好的了吧？

Candy想，他的一言一行、一颦一笑，无不牵动她敏感的神经，他笑一下她也能开心一整天，他一句话她就难过了好几年。

那句话是："我怎么可能喜欢那么胖的人？"

说这句话的时候，Candy怀里揣着她天不亮就起床煲好的鸡汤，隔着厚厚的保温壁都能感受到鸡汤传来的温度，可是Candy觉得自己的胳膊起了很多鸡皮疙瘩，为什么冬天来得这么早？

病房里，G先生穿着病号服躺在床上，左腿被吊了起来，一动不能动。病床的旁边，坐着那个传说中和Candy最要好的同事，那个把Candy秘密泄露出去的同事，那个说自己不是故意的，只是想要帮Candy争取的同事。

同事坐在那里，娇嗲的声音传来："Candy那么喜欢你，你怎么无动于衷啊？"

G先生听着女同事或真或假的试探，笑言："我怎么可能喜欢那么胖的人？"

Candy起早熬制的鸡汤，最终，被她喂给了医院门口的流浪猫，她蹲在医院的大门口号啕大哭，可是她哭的时候都那么费劲，喘不上气来的样子，让围观者都担心她要窒息。

暗恋变成明恋，自己认为的美好，被人嘲笑天真，Candy想，这一场还没开始就结束的故事，就此别过吧。

自尊心虽然不能当饭吃，却可以成为一个人减肥的动力。

此后的Candy，表现出了异于常人的毅力。

她每天早起，爬十七层的楼梯上班，晚饭不吃，只靠水果充饥，报了健身班，有时间就去，没时间制造时间也要去。

在这期间，她辞了职。

她说，日子总要往前走，他不喜欢我，我还是要好好生活的。

一年半，她从一百六十八斤，减到了一百一十斤。

化了妆，穿上当季最新款的裙子，踩上细高跟，头发染成了亚麻色，终于在街上挣得了回头率。

追求Candy的人，渐渐多了起来。

你不瘦一回，都不会知道言情小说里的事情会发生在自己身上。

从前那个说不喜欢胖女生的G先生，实现了他曾经说过的话，他果然不喜欢胖女生，他说，他喜欢瘦下来之后的Candy。

我认识她的时候，正是她拒绝G先生的时候。

彼时的Candy，已经进修成一个大方得体的女子，言谈举止，自带光芒。

“你怪他吗？”我问Candy。

“我理解他，每个人都有选择恋爱对象的权利，换作是我，不喜欢的人来表白，对方再好我照样不喜欢。”

“后来呢？”

“后来，我告诉他，是他的打击才造就了今天的我，可我并不是为了他才去努力减肥的，早在他对别的女人说不喜欢我这么胖的时候，我就死了心。这些年我的努力是为了自己，想让自己以后面对爱情的时候，是被毫不犹豫地认定，而不是被挑来挑去。说到底，我其实只是为了自己。”

瘦身之后的Candy，恋爱的主动权替代了曾经的被动。

很多时候，我们喜欢将失去本末倒置。

经常会有女孩子在后台留言问我，如果自己去做了某些事情，如果自己变得好一点，他是不是就会喜欢自己了。

“姐姐，我把专科升成本科，配得上他的学历，他是不是就会喜欢我了？”

“我去开个眼角，垫个下巴，再隆个胸，他是不是就喜欢我了？”

“我学做饭，学弹琴，学化妆，我变得多才多艺一点，这样，他是不是就喜欢我了？”

不一定的。

有的人，因为你的性格爱上你，有的人，因为你的外貌爱上你。

有的人，你符合他的审美标准之后他会快速地再来追求你；有的人，无论你变得多好，多出色，多优秀，他仍旧不会喜欢你。

爱情从来都是盲目的，不可理喻的，甚至无解的。

可你自己是有解的，你努力变得更好，是为了成全自己的碧水蓝天，成就自己的星辰大海。

让自己不再承受被喜欢的人厌恶的滋味，让自己下一次恋爱能够拥有充分的主动权，让自己变得自信，眼界开阔。

去学习，去考取更高的文凭，去报各种瑜伽、健身、舞蹈、摄影班，去化妆打扮，去做SPA，去努力升职加薪，去旅行……去做一切你喜欢的事情，去做任何能提升你的气质品位和能力的事情。

可是无论你做什么，都是为了自己，为了成为更好的自己，不是为了任何曾经看不上你的人。

或许，当你变得更好，你会发现，你曾经喜欢的人身上再也没有吸引你的地方，你的目光将停留在更优秀的人身上，你也将吸引更优秀的人来与你相配。

就算你的眼光没变，那又有什么关系，说不定，到时候就换成了他死乞白赖地来追求你。

等他对你从不屑一顾到另眼相看再到痴迷不已的时候，你还能痛快解恨地跟他说一句："不必高兴，我变得越来越好，不是为了你。"

没有谁能够只爱你的内在而不介意你的外表，也不会有人只喜欢你的容貌却不关心你的思想深度，他不爱你，你要努力变得优秀，他爱你，你也要努力变得优秀。

我们的优秀，是为了成全更好的自己。

# 爱，是站在对方的立场上想问题

01

有一阵子，我特别忙。

于是想让小朋友回姥姥家住一阵子，偏巧那些天家里装修，我弟弟没有时间来接小朋友，秦先生也忙得连轱辘转，送小朋友回去的那天晚上也有客户约见。我爸说，把小朋友送到济南，他去接，这样两不耽误，秦先生当天能赶回来。

生活就是事赶事，总在不恰当的时间都跑一块去。

这个方案被全家一致认为是当时最折中的办法（所以后来有姑娘

问我远嫁到底值不值得的时候，我都会说慎重一点为好，你看，就是这么不方便）。

那天的会面，秦先生把小朋友交给我爸，我爸把我妈给我带的吃食交给秦先生。

吃食里有我妈妈前一天晚上蒸好的二十几个马齿苋肉馅儿的包子，十几个腌好的土鹅蛋，都是我喜欢吃的东西。

这些年回家的次数越来越少，吃到的次数已经屈指可数，对于这些我平时买不到的东西，我带着十二万分的期待。

可惜的是，由于秦先生忙着跟客户打电话，下车的时候将东西遗落在了济南的出租车上。

他打电话告诉我的时候，我的心情一下子就低落了，如果他丢失的是我在商场超市里随手能买到的东西，我丝毫不会介意。可偏偏是我妈妈千里之外带来的情意，失落很快蔓延到我的每一根神经。

我埋怨的话都已经到了嘴边，几乎就要说了出来：为什么这么没心没肺？为什么这么丢三落四？知不知道我对这些包子期待一整天了？

我还没来得及发火，秦先生说，他已经联系到出租车师傅，师傅去了机场，因为堵车，大概两个小时后能把东西送回来，他马上把车票改签，可能要天黑以后才能回来。

我忽然记起秦先生晚上有与客户的会面，我说没关系你快回来吧，不要耽误正事。

我一遍遍打他电话想要阻止他改签，秦先生却在改签之后才回了电话，说已经将归期延迟到三个小时之后，并已经跟客户说明情况，客户表示理解。

我阻止他改签，是觉得我这些小情绪不应该影响他，更不应该耽误他的正事。

而他的坚持，让我内心充满感动。

虽然他的马虎导致了这件事情差点变成一场我与包子之间的错过，可他心里明白，这些不值钱的包子与鹅蛋，对我来说，远比我去星巴克消费和吃一次泰国菜要昂贵得多，这些东西，是我妈妈的爱。

他愿意等在那里，帮我找回来。

出租车师傅人很好，将东西送了回来；客户人很好，表示了体谅和宽容。

最好的是秦先生，站在我的立场上解决事情，拯救了我的不开心。

所以，婚姻里的爱情，其实是一种妥协。

我愿意放弃我的原则，去成全你的心有不甘；我愿意用我的时间，去弥补一场遗憾，只要你一个笑和一句开心就好。

大部分时候，婚姻里就是些鸡毛蒜皮的小事。

制造不愉快非常容易，把事情扩大成充满硝烟的战争也很简单，只需要骂几句就可轻易达到目的：“你是干什么吃的？”“你的脑子到底在想什么？”“什么时候把你自己给丢了？”……“我为什么要为了这么点破东西在这等三个小时？”“丢了就丢了，不要了。”

可是我们也可以换一种方式处理问题，对吗？

他在意我的在意，所以尽最大努力去改变糟糕的局面。他已经觉得很愧疚了，我何必去加深这种感受，何必徒增他的烦恼和我的愤怒，何必严重夸大自己失落的情绪，让这一场争吵成为战争？

这不是最重要的，重要的，是你快点归来，我有些想你。

他说对不起，我说没关系，用来代替他的不在意和我的发脾气，已经很好。

毕竟我们的婚姻和爱情，是因为爱，不是为了相互指责。

02

我爸爸的一个朋友家的女儿，很小的时候就和我成了好姐妹，她属于那种很直白很大大咧咧的性格，有什么说什么，她的妈妈经常杞人忧天：这以后结婚了怎么跟婆婆相处，还不得天天吵架？

结果却相反。

我们每次见面，都能听到她的“抱怨”。

“哎呀，我婆婆说年轻人要多跟朋友去聚会，不用整天在家里带孩子，熬成黄脸婆可就惨了。”

“我婆婆说经常熬夜对身体不好，但是我工作忙没办法，于是她经常晚上给我温一杯热牛奶，不喝不行呀。”

“我义正词严地拒绝了二胎政策，然后我们结婚纪念日，我婆婆送了我一盒套套……”

可是我怎么听，怎么觉得她在炫耀，这哪儿是抱怨，分明是一副得意扬扬的样子。

我有一次回老家，去她那里玩儿，看她婆婆跟她交谈沟通，两个人都是很平等的样子。她对她婆婆就跟对待自己的妈妈一样亲，有啥说啥；她婆婆待她的好，也不是装出来的，是实实在在的好。

她们也会有很多意见不一致的地方，但是我这个好姐妹说，和亲妈还有吵架的时候，何况婆婆？重要的是两个人要多站在对方的角度想一想，如何去解决矛盾，而不是加深矛盾。

我深以为然。

其实很多人不懂这个概念，儿媳妇不懂，他的妈妈生了他，才有了你的老公，就冲这，也要体谅一下跟不上时代和潮流，思想跟你不在同一个水平线上的婆婆。不必太计较她能出多少钱，能帮多少忙，能出多少力，她跟你的妈妈一样，年纪大了。

婆婆不懂，儿媳妇嫁入你家，是奔着好好过日子去的，就凭你儿子成家之后几十年的人生是与媳妇儿共度而不是你，就该少一点要求，多一些谅解，尊重小家庭的每个决定和规划，说到底，余生你不是儿子生命里的主角，儿媳妇才是。

03

有一篇“半个西瓜”的故事。

一个男人下班回家，由于天气太热，把家里仅有的半个西瓜全部吃掉消暑。妻子回到家发现西瓜没有，水也没有，与男人大吵一架，男人觉得自己没有错，于是两人冷战一个多星期。

男人的父亲得知此事之后，想到一个办法，他准备了两个半拉的西瓜，待两人出门办事回来满头大汗的时候，分别让两人解渴吃掉。

父亲把两人吃过的西瓜搬出来，问这个男人，它们有什么不同。

男人仔细瞧了瞧：一半是他刚才吃过的，另一半也是吃过的，看了好一会儿，也没瞧出什么名堂。

父亲告诉他，这西瓜一半是他吃的，另外一半是他妻子吃的，父亲告诉过他们两个人同样的话：如果吃不完，就把剩下的留着给对方吃。

结果男人知道了妻子是怎么下勺子的：从旁边往中间掏，一半吃完了，另一半却没动。而男人呢？他从中间开始掏，把瓤都吃了，周围的留给妻子。

谁不知道西瓜瓤最甜呀？

男人想的是自顾自的痛快；而妻子想的是，这么热的天儿，男人也需要一块冰甜可口的瓜。

这个父亲说，两个人过一辈子，没有那么多轰轰烈烈的事情，夫妻感情就体现在一滴油一勺饭里，往热心上浇冷水，总有一天会彻底弄凉了它。

能够站在对方角度想问题，是两人之间相处的大学问。

爱一个人，不就是为他多着想一点么？

我记得我们以前总是说，西瓜瓤最甜的部分，掰开螃蟹满满的蟹膏，蒜香面包涂了黄油蒜蓉的那一面，热蛋挞最上面那层又烫又甜的焦皮……把这些都留给你的人，一定很爱你。

不起眼的小事，最见人心。

人类是自私的，每个人都或多或少地希望自己是主角，别人要聆听我、帮助我、体谅我、宽容我，最好全世界都围着我转一转，人性如此。

所以那些能站在你的立场上想问题的人，该是多么难得？

任何关系都是如此，总有猜疑、争吵、不信任、不体谅、作、闹，甚至恨……可我们总该记得，初心是什么，如果能够大事化小小事化了，未尝不是一件幸事，让那些不舍得丢弃的爱，还可以继续。

如果有人主动站在你的立场上想问题，如果有人愿意为你妥协，那一定是很爱很爱你，不忍心让你受委屈。

如果你爱一个人，也站在他的角度想一想，争吵是否还有必要?

就算是天定的良缘，也会有辛苦，为爱退一步，过好每一个朝朝暮暮。

# 他不爱你，
# 才舍得跟你暧昧

01

有个妹子给我留言，说她喜欢一个男生。

两个人是通过共同朋友一块吃饭的时候认识的，男生和共同的朋友说，对妹子有意思，想要进一步发展，于是要到了她的微信号，加为好友。

这是一个充满着一见钟情两情相悦的开头，可是所谓感觉，都是骗人的。

男生和妹子开始了一段长达半年多的“互有好感”却未表白的时

期，这段时间，妹子需要他的时候，他都在。比如妹子参加完同学聚会想让他接，他就接；妹子约他周末去逛街，他也去。

有一次妹子生病，他接到电话就赶来了，帮她买药，喂她喝水，还叮嘱她好好休息，不要太累。

本来妹子对男生就有好感，何况还这么朝夕相处，妹子觉得自己越来越喜欢男生了，可是男生似乎忘记了从前他对他们共同朋友说的那句话，他并没有要进一步发展的意思。

男生跟妹子说话的态度很亲昵，总是摸摸她的头发，有时候还牵牵手，甚至有一次想亲吻她的脸颊，妹子慌乱中推开了。妹子想，都到这地步了，应该是喜欢了吧？可能男生的顾虑太多，毕竟男生家庭条件很好，而妹子只是普通人家的女儿。

妹子给男生找了很多理由，最终还是拗不过心里的纠结。

于是妹子问男生："你是不是喜欢我呀？"

男生就笑了，说他对她只是朋友间那种喜欢。

妹子很伤心，她感觉自己在沦陷，已准备好迎接千军万马的到来，对方却突然偃旗息鼓。明明第六感告诉她，一切都似乎是命运的眷顾，为什么到最后她沉沦了，他却说她想多了？

妹子不解，跑来问我。

"我觉得可能是我不够好，我的学历也不高，工作也不算太好。"妹子说，"姐姐，你说我报个班把大专升成本科，然后再找个体面的工作，他是不是就会喜欢我了？”

我想了想，回复她：“一个男人如果真的喜欢你，他会迫不及待地想要拥有你，而不是一直暧昧。你要记住，你努力是为了成为更好的自己，为了自己看得起自己，不是为了一个只跟你暧昧的男人。”

02

朋友苏落是一个房地产公司的销售员，工作关系认识了前来买房子的客户H。H很健谈，与苏落接触了几次，便夸她办事利落，很能干却又不失小女人的温柔。H说如果他没有结婚，一定要追求苏落。

哪个女子不喜欢听甜言蜜语？苏落也不例外，她觉得这个男人能看到她的好，这个男人想要珍惜她，如果他没结婚该多好，苏落对H，有了一种相见恨晚的感觉。

接下来的约会，顺理成章，H左一句要感谢苏落帮忙，买房手续才能在最短时间内办理好，右一句每一个努力工作又能把工作处理妥当的女子都值得被尊重。苏落一开始也是拒绝的，可是耐不住年轻多金的H的热情邀约，他看苏落的眼神，满是欣赏之意。

H很体贴，下雨天送苏落回家的时候，会亲自下车开车门，帮她拎包，还用伞把她护送到楼上；出去吃饭几次，就记住了苏落的口味，每次点的菜都能给苏落惊喜；H有钱，偶尔会送苏落几样用心挑选的首饰。

这让苏落觉得满足，看，成功如眼前的男人，也拜倒在她的石榴裙下。

可是很快，苏落得意不起来了，她觉得自己越来越在乎这个男人。

H平时工作忙，经常下了班约她吃饭，但周末H是一定不约她的，因为他要陪伴自己的妻子；H会经常给苏落打电话，但苏落主动约他，他几乎都会说没时间；他在苏落面前会流露出一种夫妻不和睦家庭不幸福，妻子不如苏落善解人意的样子，末了还要深情地叹口气："落落，如果早点遇见你多好。"

苏落甚至以为，如果她有要求，他可能会为她离婚也说不定。

她想，如果H为了她离婚……

想到这里，苏落被自己吓得呆住了。

迄今为止，H表达了他对苏落的欣赏、赞美、好感，他说了苏落的种种内在美和外在美，他表现得像一个热恋中的人，可是他独独没向她表白。

他是个已婚的人啊，怎么可能为一个半路遇见的女人离婚？他不过是想要"家里红旗不倒，外面彩旗飘飘"，他不过是图个新鲜刺激与你暧昧而已，苏落你在想什么？

你妄想这是一段爱情吗？

苏落躲在无人的深夜里哭泣，她决定要切断他们之间的联系，她是要嫁人的，她想要的是一个能给自己婚姻的男人。

苏落是理智的，她在这段不可能有结果的感情里及时抽身，她看清楚男人玩玩而已的暧昧，也算是一种幸运。

03

坦白说，年龄越大，越不相信耳朵听来的爱情，哪怕一个男人说得天花乱坠，不能落实到实际行动上，我都是不信的，所以苏落跟我说起这件事情的时候，我第一反应就是这个男人对她全无真心。

自己有家庭还去祸害别人家的姑娘做什么。

有的姑娘，总是为自己找借口，他只是没办法，他不离婚是因为财产、孩子、亲人的关系复杂；他迟迟没来表白是他过于腼腆，害羞，不好意思，他内心肯定是想告白的；他说是朋友之间的喜欢，其实他心里一定不这么想，不然他怎么还风雨无阻地来接她呢？他没开口要她做他女朋友是因为家庭的阻碍，他的父母要求门当户对，他也很为难……

你要想给他找借口，一千种理由任你挑选，可你就是不想想，他没准是不爱你，或者，不够爱你。

真正爱你的人是什么样子的？

是一日不见如隔三秋，是朝夕相处仍嫌不够，是恨不得立马确定你们的关系，不愿意让你受一点难过和委屈，是担心你随时被别人撬走。

爱一个人，就是迫不及待啊。

诚然，感情需要相处，但要看多久，也要看对方有没有诚意。都半年一年两年了，都牵手拥抱有肢体接触了，还没有要私订终身的意思，那多半是玩玩而已。

每对情侣，刚恋爱的时候，都是恨不得朝夕相对，一眼都不想让对方离开视线范围的，春心萌动的时候都没想过让你做他女朋友，你就不要想着你们还有一年四季来日方长的以后了。

他舍得跟你暧昧，是因为从未想过把你纳入他未来的计划中；他舍得看你焦虑委屈，是因为他享受这种征服的快感，而不是你给他找的种种借口。

任何的暧昧，都是不爱你，或不够爱你。

所以，你要去找一个给你名分的人，你要去嫁给一个光明正大三媒六聘八抬大轿娶你的人，而对于那些或贪图你美色或想要你身体或玩弄你感情的人，say goodbye就好了。

# 你有怎样的磁场，就会吸引怎样的人

01

与朋友们小聚闲聊，朋友的电话不断响起，起初我们还以为是她爱人有事催她回家，经她解释才知，原来竟是她的一个同学找她诉苦。

朋友无奈地说，她这个同学，即将奔三，尚未婚配，她一心想要钓个金龟婿，从此麻雀飞上枝头变凤凰，可是天不遂人愿，别说金龟婿，连个金龟子都没有。

这个同学于是抱怨，怎么就没有慧眼识人的英才，认出她贤良淑德的本质，从而八抬大轿三媒六聘来盟约百年之好呢？

朋友苦笑，说其实很想劝劝自己这个同学，不要眼高手低，自己高不成低不就，事事半斤八两的状态，当然是遇不到金龟婿的，即便遇到了，人家又为什么来娶你呢？自然是有更高的追求。

原来，朋友的这个同学，身材微胖，身高一米六左右，面容不算出众，却也算中等姿色。但她无心上进，做着办公室内勤的工作，一个月拿着两三千的工资，成日里喜欢对明星品头论足，对邻居家长里短，喜欢占点小便宜。

在即将30岁这一年多的时间里，她相亲几十次，却次次因为她的嫌弃而告终。

A先生，身高不够，才一米七五，跟他走在一起，十分没有安全感。

B先生，长得太丑，这要结了婚，连接吻都得关灯，伤不起。

C先生，没有车没有房没有钱，以后跟了他还不得喝西北风？

D先生，身高够了，一米八；长得也不错，属于养眼型；房子有了，还是复式，可惜的是，D先生没有看上她。

开始的时候，所有人都以为这个同学是宁缺毋滥，也会跟她说，结婚确实不能将就，还是要找一个两情相悦的，不能为了结婚而结婚。

哪知后来这个同学自己说，她不是宁缺毋滥，她就是想找个条件好的，有钱的又长得好看的。

可是，有钱的，长得好看的，各方面都能拿得出手的，如果你没有与他相匹配的资本，他又凭什么放着众多合适的对象不顾，而要一个不学无术的你呢？

如果你是这样一个女人，只知道东家长西家短，书不看一本，面膜也不敷一个，聊金融你不懂，聊高尔夫也不会，成天看着韩剧靠想象里的爱情活着，那些现实中的青年才俊，会被这样的你所倾倒吗？

我想不会，谁也不傻，是不是？

02

电视剧《欢乐颂》的热播，在很大一个程度上是因为，它很真实，没有什么所谓的王子偏爱灰姑娘的戏码，也没有霸道总裁对傻白甜无知又爱惹事的女主各种喜欢各种追的套路。

它真实地反映了这个社会的阶级之分，高富帅都喜欢安迪这种有智商有学问有知识有能力的女人，这里面的爱情，几乎都是门当户对的。

电视剧里机缘巧合，不同阶层的女孩们因为租房而到了一起，但现实中，比电视剧里更残酷，往往就算有这样的巧遇，也不会有这样的情谊。

任何关系都是对等的，爱情是，友情也是，不同阶层的人是玩不到一块去的。

就像一心要钓个金龟婿的樊胜美，随着别的老总参加了酒吧的开业盛典又如何？照样无法融入进去。这种场合也只有曲筱绡这一类人才能玩得如鱼得水。

共同语言是一个很大的问题，别人聊皇家礼炮，你只知道二锅头，必然滋味不同；别人聊公司上市，你说菜市场阿姨今天卖的韭菜不新鲜，这话题显然没法继续。

如果你想要的和你现在的身份是无法匹配的，那你应该去提升自己、扩充自己、抬高自己，而不是坐在那里，嫌弃这个嫌弃那个，却仍然原地踏步。

03

前阵子Ada的美国绿卡办了下来，于是她高高兴兴地移民嫁到美国去了。

Ada的丈夫在美国资产丰厚，家庭条件优渥，他本人从事金融方面的工作，在公司也属于高层管理，为人风趣幽默，更难得的是，视Ada如珍宝。

众人皆说，Ada好福气，真幸运，于是身边的大龄剩女，或者已婚却觉得后悔的少妇，再或者奋斗在加班第一线的女青年们，均透露出无比羡慕的眼神。

Ada确实是好福气，可是这些福气里，其实包含了她很多的努力。

Ada是一家外企的员工，任职于培训部门，日常英语是必备的。她为了提高自身的英语水平，每天早晨起来先跟着视频练习几遍口语，再去公司；睡前要戴着耳机练习听力；买了大量的英文原版书籍，规定自己每天看几页，她的笔记本里做了大量的英文备注。

她甚至去Facebook上面注册了一个账号，并积极与外国友人互动，一切能够学习英语的机会，她都尽量不错过。

就这样，认识了她的丈夫，两个人出奇地投缘，爱情的种子就此萌芽。Ada的丈夫，为了这个未曾谋面的女子，远渡重洋，来到中国。

Ada的魅力如此之大，想必与她自身的优秀是分不开的，她的英语口语水平已经可以和正宗的美国人相媲美。如果不是她积极努力地去寻找各种英文知识去扩充自己，她也不会在这条越来越好的路上遇见她的丈夫。

大家一起约出去玩耍，有朋友开玩笑问Ada的丈夫："你觉得Ada好看，还是我身边的XX好看？"

Ada的丈夫一脸惊讶和不解，然后说道："当然是我的Ada，这是不争的事实。"

你看，Ada本身容貌并不出众，却是丈夫眼中最美的女子，试问，你的男朋友或者老公，也会如此引你为傲吗？

04

大街上衣着褴褛的乞丐，会遇见给他们施舍几块硬币的人；而街头弹奏卖艺者，说不定得到的是百元钞票或者一纸星探递来的签约合同。

每日只会抱怨，在人后说三道四的女生，会遇见同她一个阶层的对生活不满的对象；努力奋斗让自己在城市立住脚，坐在高大宽敞的办公楼里的白领丽人，遇到的大概就是旗鼓相当的有水准的男子。

你有专业的能力，扎实的工作经验，行业里权威的人才有可能成为你的贵人助你一臂之力；你有奋斗上进的心，别人拉你一把才知道你的手在哪里。

如果你也想要幸运和好福气，你首先要去努力成为更美丽更有能力的自己，遇见了更好的自己，才会遇见更好的别人。

你是什么样的人，就会吸引什么样的人。

# 小作怡情，
# 大作伤身

01

男人的作和女人的作是不同的。

由于生理构造和思维模式的不同，男人与女人的想法千差万别。

比如，两人吵架，男人通常说不出几句话，实在憋得没办法来一句：你闹够了没有？或者干脆甩门而去。更有甚者，不知所云，只在你不吵之后大大咧咧地来跟你说话聊天，仿佛什么都没发生过一样。你跟他说我们之间的事情还没解决，别来套近乎，他一脸蒙逼地问：又怎么了？

女人则不同，会歇斯底里地痛哭流涕，从初恋挖到最近一期的前任，从他出门换鞋没有把拖鞋放到柜子里骂到他好吃懒做酱油瓶子倒了都不扶毫无责任心，说得有理有据逻辑严谨声泪俱下，仿佛举世皆浊唯她独清，闻者无不动容。

她口口声声喊着“爱情里最大的美德是包容”“你爱我就要给我想要的一切，我要苹果你不能给香蕉，我要上天你得给我买翅膀”“我当了父母二十多年的公主，凭什么到了你这里就坠入凡间”等等。

公主生病，需要万民祈祷，全世界都来围观，还要心甘情愿地说：公主，您继续病，我想办法治。

言情小说里最吸引读者的桥段，永远是女主各种作男主仍然爱，她想要一颗星星，他绝对不摘月亮，还宣誓自己的女人不宠难不成留给别人？她赌气开车冲出去，他追到之后把女主紧紧搂在怀里说“不许让我失去你”。她脾气不好对路人发火，他一边护着女主一边说我的女人，我惯的怎么着？她跟婆婆吵架，男主永远站在她身边对自己的父母宣战非她不娶，吵架的时候无条件让着她，他必须是先低头认错的那一个。

你看什么也不懂就知道闯祸的花千骨，男一号、男二号、男三号都心疼得死去活来，恨不得以命换她真心；封建王朝里的甄嬛，都辗转于两个男人的睡榻之间了，果亲王还痴心不悔，宁愿牺牲自己也要护她一世周全；《我的野蛮女友》里，宋明熙想知道河水有多深，把Kyun-woo推到河里去，在咖啡店时她问Kyun-woo要喝什么，回答可乐后她却叫侍应来两杯咖啡。

霸道总裁又温柔又宽容还对她情有独钟矢志不渝，就想要个能包容她各种作的男人呀。

02

去年的时候，我参加过一个朋友的婚礼。

朋友的妻子温婉贤淑，大方得体，在座来宾无不称赞一对璧人幸福如斯。

但是我们大家都知道，他在得到幸福之前，经历了一场多么辛苦的爱恋。

他的前任女友刘小姐，简直堪称“作”界典范。

刘小姐人长得漂亮，心气儿高，朋友当初被她吃得死死的，让他向东他绝不敢向西，让他坐公交他绝不打车，甚至于到最后朋友做什么都怕刘小姐生气，买个衣服要报告，去哪里都报备，不然刘小姐是要发脾气的。

刘小姐疑心病很严重，朋友半天没打电话没聊微信，她就怀疑朋友有情况，然后打电话来吵架，吵完架又流下悔恨的眼泪。朋友每天忙着处理与刘小姐的爱恨情仇，觉得疲惫。

刘小姐如此这般或许在一定程度上说明了她的爱，一直这样顶多算累，要是朋友有小说里男主的风范，没准还会觉得可爱。

刘小姐作就作在，她不该一次次挑战朋友的底线。

她还没结婚，就与准婆婆吵了一架，然后逼着朋友解决那道流传已久的世界级难题："我和你妈同时掉进水里，你先救她，还是救我？"

朋友冷汗直冒，不敢贸然搭话，他爱眼前的女子，也爱自己的母亲。

刘小姐不许百姓点灯，却要州官放火，一面严禁朋友与其他女子单独行动，以斩断各种暧昧滋生，一面自己却约会不断，她与异性吃饭，朋友还得负责接送，欺人太甚。

刘小姐其实算上得厅堂，萝莉、御姐儿，女王、小清新，要哪款有哪款，可惜，她誓将拿下奥斯卡影后，不作不罢休。

朋友终于不堪其扰，提出分手，她顿时花容失色，掩面而泣，举手发誓要改邪归正，从此摘下公主桂冠，做一个接地气儿的贤妻良母，居家度日。

好景不长啊，她做不到啊。朋友说，太累了，人生不可能永远如戏剧，爱情需要两个人守护，而不是一个人的退让包容。

分手。

分手历程也不顺利，因为刘小姐一会儿同意，一会儿反悔，朋友跟我们提起这些的时候，我们一致觉得刘小姐像活在自己世界里的人，她的反复无常完全为了配合她内心的“作”。

好在最终还是分了，朋友消沉了很久，终于走出阴影，然后认识了现在的妻子。

我与他的妻子接触不多，我不敢说多么好，但有一点，我可以确认，那就是她有很强的独立思考问题的能力。

朋友说妻子偶尔也耍点小脾气，但是给个台阶就下了，从不会不依不饶。有时候两个人也吵架，可妻子说坏情绪不能留着过夜，两个人就在天黑之前好好说话把矛盾解决掉。朋友说，他终于觉得心里踏实，也发现原来生活如此美好，而与前任的那场恋爱，谈得战战兢兢。

03

我承认爱情是盲目的，毫无理智的，可你是否明白，三天一大吵五天一小吵，一言不合就剑拔弩张毫不相让，气氛一下子从沸点降到冰点，会多么严重地消耗感情?

偶尔的撒娇吵架适度闹一闹是情趣，可是情趣之所以有趣，是因为它稀缺，你把情趣变成了家常便饭，还附带眼泪鼻涕一大把无理取闹，试问谁能忍受?

每个人都是独立的个体，你要对方无限度的包容，这种极端的妥协，完全是不尊重对方，也不相信自己，这种感情是失衡的，没准就在一个什么样的契机下，全面瓦解。

我喜欢看欧美一类的电影是因为，总觉得生死时速之外的爱情格外令人羡慕，没有整天腻腻歪歪磨磨唧唧的小情小爱，两个人能够并肩作战旗鼓相当，相爱就在一起睡，不爱就分开，于他们而言，爱情与事业与使命一样，是一个独立的存在，不作不闹，理性冷静。

珍惜其实是一件不太容易做到的事情，口口声声说着知足常乐的往往喜欢得寸进尺。你得到了他无限的宽容，居然再容不下他对你一丝一毫的怠慢，当有一天他顶撞了你一句，你觉得他变了，他曾经多么无私，如今多么计较。

这是一件好事吗？不是。

他的宽容让你变本加厉，你的变本加厉让他饱受摧残，最终，爱情就死掉了。

这场战争里，没有一个胜利者，大家都深受其害，倒不如从前平淡如水的日子，起码不会元气大伤，也不觉得生活无望。

所以呀，恋爱中的人，要明白“适度”这个词语，也要懂得凡事相互体谅这个原则。没有人生来愿意承受伤害，他低声下气还不是因为爱你，要么你相信他的爱，要么你相信你自己，不要等到事情无可挽回的时候，才明白当初的“作”，原来除了加速伤害，毫无意义。

# 眼泪难得，
# 但行动更可贵

01

周末与朋友小茹约会，看她一副春风满面的样子，就知道必定是有什么喜事，果然，她说，她要结婚了。

我一边为她感到高兴，一边不禁感慨她这一路的不容易。

两年前的小茹，远没有如今可心如意的样子。那个时候，工作中，公司内部高层调整，她的顶头上司名义上无限期延长病假休息，事实是权力被架空，走人只是早晚问题，而小茹，由于与上司关系较近，成了这场钩心斗角中的牺牲品；爱情里，与她相爱四年立下白头之约此情不渝的男朋友移情别恋，分手成为定局。

对于小茹来说，仿佛一夜之间，天就塌了。

她和男朋友是大学同学，两人从青涩的校园之恋走到毕业之后的谈婚论嫁。从前，她男朋友对她是真的好，要体贴就体贴，要浪漫就浪漫，小茹也一度成为我们众多朋友羡慕的对象，羡慕她年纪轻轻就得此良人，果然上天早就安排好了一切。

谁都不曾想到，痴情人变成负心人的戏码，生生在现实里出演。

小茹在面对多年恋人成故人的事件时，毫无心情和头绪，不吃不喝，不闹不作，在床上一躺就是一整天，安静得可怕。

小茹妈妈闻讯匆忙赶来，一没讲什么大道理，二没开口问具体缘由，只是如同寻常人家的生活一样与小茹朝夕相处，与她聊聊天，给她讲笑话，时不时还说说妈妈过去的故事。

小茹妈妈清晨很早就去菜市场买菜，每天换着花样做营养早餐，然后跟小茹说些菜市场遇到的趣事，卖苹果的王大妈的儿子要结婚啦，今天遇到了一只会说“你真漂亮”的鹦鹉，小区花坛里的那棵柿子树长了很多柿子，黄澄澄的真喜庆……

小茹妈妈买了很多盆花，告诉小茹每一盆花的品种和怎样浇水施肥。

每到下午四五点，小茹妈妈就拉着小茹去广场溜达，给小茹介绍她新认识的朋友，教小茹跳她新学会的交谊舞，小茹妈妈说，你看广场上的人们多快乐。

甚至有一天，小茹妈妈兴冲冲地拿回两张《心花路放》的电影票，对小茹说："知道你们年轻人喜欢去电影院看电影，我让邻居李大姐的儿子帮忙给买了两张票，走，带为娘长长见识去。"

小茹妈妈无形之中的乐观渐渐影响了小茹，她开始跟妈妈说很多话，开始不再整日躺在床上消沉，甚至开始跟妈妈哭诉"是不是我不够好，所有的一切才会这么轻易离我而去"。

小茹妈妈说："不是的孩子，上天让你失去这些，是要把最好的留给你，你一直是妈妈的骄傲。"

小茹说，这个时候，她还没有完全好起来，她真正意义上想要努力改变当时的状况，是因为她发现了妈妈的上网记录。

小茹在搜索引擎的下拉菜单里，看到了这样几行句子："女儿失恋了怎么办""能让人开心的笑话""怎么让一个人快乐起来"……电脑旁边的一个笔记本里，密密麻麻写了好几页，比如：讲笑话（下面罗列了很多个笑话），给她说好玩的事情，看喜剧电影，多出去走走，不能闷在屋子里……

妈妈的字写得不好看，可小茹看得泪流满面。这是妈妈做的笔记，她寻找了很多种办法，开导小茹，影响小茹，她想要小茹好起来，想要自己的孩子能够挺过去。

小茹开始投简历，终于在几轮面试之后重新找到了工作，新同事相处得不错，有了目标，整个人也渐渐变得活泼了起来，她想，她应该从妈妈那里学到乐观和坚强。

后来，她遇到了现在的未婚夫，即将步入婚礼殿堂。

我由衷地祝福她："看看，妈妈说的是对的，最好的总在最后。"

小茹沉默了一会儿说："我爸告诉我，我渐渐好起来的那段时间，我妈有一次当着我爸的面号啕大哭，嘴里说着，孩子终于好起来了，终于快要好起来了。我才知道，我的消沉让她多么担心，可是她从没在我面前哭过，她不愿意增加我的负担和负罪感，她要帮助我好起来，她只能在我看不到的地方脆弱。"

02

上个月秦先生出差，我既要工作，又要早起送小朋友去幼儿园，然后下午请两个小时的假，再去幼儿园接回小朋友。

结果秦先生出差的当天晚上，小朋友突然发烧，我吓坏了，考虑要不要带他去医院。可是夜已经很深了，楼下很久也没看到出租车的影子，我又不敢开车，更不好意思大半夜麻烦朋友们，好在度数不算太高，一直在三十八度五左右徘徊，可以使用物理降温。

整个晚上，我一直用温水给他擦身体，贴着退热贴的小朋友睡梦里都在喃喃自语。

第二天我请好假，天一亮就带小朋友去医院检查，挂号、缴费、验血、拿药……与医生讨论能吃药好起来绝不打针的原则。

看着他蔫蔫的样子，我难受得无以复加。

孩子生病，于大人来说其实是一场严重的心理战，恨不得所有的苦痛自己来承受，健康都留给他就好。

大概是我的念叨起了作用，秦先生出差的第三天，小朋友的烧退了下去，而我却开始发烧。

同样是晚上，我头疼得难以自抑，体温一路飙升，呕吐，像是整个胃都要吐出来一样，要不人都说有啥也别有病呢，生病的痛苦连大人都无法忍受。

大概是那几天太煎熬了，我终于没控制住自己的情绪，哭了起来，觉得自己很没用，孩子没照顾好，连自己都没照顾好。

小朋友不玩玩具了，过来抱住我，任由我抱了好大一会儿，平时他真是没有这么好的耐性让我抱的，总是一溜烟儿就跑了，男孩子，调皮得很。

我跟他说："宝宝，妈妈很难过，好想哭啊。"

小朋友说了一句话，让我至今难忘，他说："我也想哭，可是我一直忍着呢。"说完使劲儿揉了揉自己的眼睛，仿佛这样就能控制住眼泪不掉出来。

那一刻，我忽然觉得，所有的苦痛都不算什么，这个小暖男，用他稚嫩的坚强抱住我，这是小小的他能给我的最大的安慰。

03

曾经有个姑娘问我：卡西姐，如果一个男人为了你哭泣，是不是就代表他真的很爱你?

我其实也不知道这是不是就能够代表他真的爱你，毕竟任何事情都需要具体情况具体分析，但我知道的是，一个人真爱你，会愿意在你面前哭泣，也会在你悲伤的时候，忍住自己的难过而把肩膀留给你。

我看过一个故事，有个女人被医院诊断为癌症，她在医院等复查结果等得心如死灰，丈夫却整天嘻嘻哈哈跟她说些玩笑话。她想，为什么当初选了这样一个没心没肺的男人，自己都要死了，他却不见半点伤心，还过得挺快活。

后来，检测报告出来，她并没有得什么绝症，是误诊，那一瞬间，她的男人双脚一软，坐在地上忍不住大哭起来，喃喃地说谢天谢地还好是误诊还好是误诊。

女人也流泪了，原来他的坚强都留给了她，自己心里却有一根别人看不见的弦，在她不知道的地方，紧紧绷着。

他也想哭啊，可是，他怕他一哭，她连可以依靠的人都没有了。

这个世界上肯为你哭的人，数来数去也就那么几个，肯为你坚强，不让你看到他眼泪的人，更是少之又少。

如果有人在你难过的时候，忍住自己的哭泣为你做了很多事，一心想要让你好起来，那么，你一定要努力好起来，别辜负他和这份大爱无声的情意。

如果有，你一定要珍惜。

# 异地恋的
# 未来在哪里

01

2016年元旦假期的最后一天，我陪一个即将失恋的女孩在冬日大雾笼罩的海边坐了一下午，陪她沉默，陪她落寞，后来，又陪她去唱了很多首歌。

包厢里，漫不经心的灯光打在对面的镜子上，忽明忽暗。明灭之间，我正要称赞她唱歌有进步时，话筒里突然传来哭泣的声音。

她坐在高脚凳上，松开左手中的麦，慢慢地转过身，趴在桌子上，流泪的脸埋在双臂之中，形成一个无比悲伤的姿势。

我走过去抱住我的朋友。

她说：我大概要放弃了。

她的那个他，因工作需要，于一年前奔赴南方的某座城市，暂无归期，从此两人牛郎织女，千里相思。

我记得三五个月之前她说，不论如何，都不会放弃。说这句话的时候，她的短发在风中飞舞，她的脸上因为憧憬而散发着自信的光芒。

没想到在新一年的开端，竟是这般光景。

异地恋是一个什么样的概念？

快乐无从分享，痛苦不能言说。

《奇葩说》有一期讲朋友圈是否屏蔽父母，陈铭在与马薇薇的对峙中是这样说的，他给他的妈妈打电话，说前不久他跟马薇薇打了一场辩论赛，他的妈妈问马薇薇是谁，于是他只好停下，他说，这么长的一个故事，该从哪一段开始说起。

我觉得这种感触用在异地恋的人身上，再合适不过。

你最近交了一个新朋友，你很想跟他说，你和新朋友情投意合相见恨晚，一起逛街买了相同的衣服，都爱读村上春树，也喜欢东野圭吾……

新上映了几部很好的片子，你想牵着他的手去电影院里感受迎面而来的震撼，抱着一大桶爆米花，手边放好一杯可乐，感动哭了他用纸巾一边轻轻地为你擦眼泪，一边笑话你泪点低。散场以后还可以矫情地轧轧马路，冷的话就把手伸进他的大衣口袋里。

加班到深夜，你一个人站在街灯四起的路边，等一辆姗姗来迟的出租车。你渴望他能来接你，不能接你，在家里为你留一碗面一盏灯也好，再不济，回家后看到他熟睡的容颜也觉得安慰。而不是这样的夜，一个人面对冰冷的空气。

你去商场看中一款立领羊毛大衣，简直就像为你的Mr. Right量身定做的一样，你想象着他穿上之后无与伦比的帅气。

楼下新开了一家正宗的烤鱼店，你记起他无辣不欢，多么期待与他去吃一次，看他剔下柔嫩的鱼肉放到你碗里，你的脸红红的，不知道是因为烤盘里的热气腾腾还是他看你的目光充满爱意。

可是……

他对你新交的朋友感兴趣吗？你们的作息时间是重合的吗？他有空听你从头讲到尾吗？他没空的时候你兴致勃勃想要畅言一番，他有空时你已洗漱完毕沉沉睡去。

他没办法从千里之外过来陪你看一场《寻龙诀》，就算他不远万里赶了过来，那么能留住短暂的几天呢？下个月还会有好电影要上映，到时候跟谁去看呢？

他不可能在晚间十二点出现在你的视线里，不能在茫然无措的夜给你凉好一杯红糖水，他只能透过遥远的语音说，自己多注意安全，多喝点热水。

你视频给他，仔细研究他最近是胖了还是瘦了，衣服是不是还按照原来的号码买。他在视频里笑得毫不在意，说：不必了，上个月我刚自己买了一件，跟你发给我的这件类似。

你谈起想要带他去吃的那家烤鱼店，他说，最近胃不太好，医生叮嘱不能吃生冷辛辣食物。“胃不舒服？什么时候的事？”“怕你担心，没告诉你。”

你突然间不再言语，你开始严重怀疑“距离产生美”这句话。

这没有温度的电话和微信，能说出口的爱，好似寥寥无几，看不到彼此的眼神，看不到你的表情是惆怅还是甜蜜，有时候觉得不安，有时候觉得心酸，仿佛很多的话都欲言又止。

如何才能熬过去？

原谅我用到“熬”这个词语。

当非异地的恋人因为一两天的分离而感慨“我有所思在远道，一日不见兮，我心悄悄”时，那些“日日思君不见君”久别还未重逢的异地恋人，岂不就是在熬吗？

首先，你不得不熟悉比如“体谅”“理解”“坚强”“坚持”“设身处地”等等这一类的词语。

他最近频繁地谈起才认识不久的女孩，说她还挺懂事的，你感到惶恐不安、患得患失，没想到隔阂这么轻易地就来了。

你忙着给客户做方案忙到通宵，没与他联系，终于想起来打开手机，几十个未接来电，他在短信里焦急地问：怎么还不回电话，发生了什么事？

你看，不能面对面，不能坐几站公交就到达你的身边，任何事情都需要提前沟通好，解释再解释，为了让彼此安心，要付出比寻常恋爱更多的努力。

你要明白，距离阻挡了面对面的交流，这就使得你们之间的沟通在一定程度上，方式要有所改变。

毕竟，大部分人的思维都是比较敏感的，一言不合就容易吵架，这个时候，设身处地显得格外重要。

不一而论，还需根据自身情况理性分析。

其次，你要懂得“不忘初心”这四个字。

说一句实事求是的话：现实社会，诱惑太多，你需要守住你的心和你的坚持。

不要因为别人顺路送你回趟家，就忘了他也曾经风里雨里地去找你。

不要因为有人给你买了一盒巧克力，就忽略他可能晚饭没吃，还在电脑前等你回复消息。

不要因为距离远就轻易放弃，你永远不知道熬过去的世界有多美好。

当然，感情已消逝的姑且不论，我要说的是：不要因为空虚寂寞去结束一段异地恋，不要忘记了你当初拼命都想未来能嫁给他的那个样子。

愿你的盖世英雄，终会披荆斩棘踏了七彩祥云来接你。

愿你终于熬过一个人的荒凉，之后的每个冬天，他都能拥抱你。

# 你的孤独，终将成就你

01

我的一个好友最近出去玩了一圈，回来之后给我发了很多她旅行中的照片。

有的是她一袭长裙，在夕阳西下里做一个简单的瑜伽姿势。

有的是她身着牛仔小外套，戴着一顶鸭舌帽，鼻梁上还架着一副猫眼复古墨镜，酷酷地站在镜头偏左的位置。

还有的，是她一身运动装，跑步于一条两排都是椰子树的小路，简单大气的风格，氧气充足的装扮。

我不禁夸赞她：真是越来越有气质了。

她回复我一个害羞的表情。

其实前两年的时候，她还没有这么耐看，说真的，我一直觉得“相由心生”这个词语无比正确。

好友属于北漂一族，自从上一任分手之后，她没有再交男朋友，空窗期有两三年了，这说长不长说短也不短的时间里，我觉得她越来越独立，越来越有女人味。

偶尔她会跟我抱怨说，一个人总是不喜欢吃饭，连逛街都没意思，下了班也不想回家，找不到归属感。

她说你知道吗，最孤独的时刻不是KFC轮到自己点餐时服务员推荐的第二杯半价，也不是超市里的酸奶买一送一，而是当你站在车来车往人声鼎沸的街道上，你忽然觉得，心里很空，怎样也无法填满，热闹是他们的，你什么都没有。

那种孤独，就像空气里平添了刺鼻的消毒水气味，你好想逃离，可不管走到哪里，这些气味仍然围绕着你，沾染在你的衣服上，渗透到你的皮肤里。你怀疑自己的嗅觉出了问题，可医生说无法治愈，只能让时间来冲淡一点，再淡一点。

02

下班，公交车到站的时候，手表上显示的时间是19:16，耳机里薛之谦还在唱着“我能送你回家吗，可能外面要下雨啦”，我在公交站牌下犹豫了一会儿，向超市走去。

平时超市门口有很多卖各种东西的小贩，形成一个小型的夜市，今天因为降温，风凉，摊位寥寥无几，迎着风进入超市，温暖扑面而来。

正对着超市门的地方，有服务员在做方便面的促销，买一包家庭实惠装送一个塑料的带有康师傅标志的饭盒。往里走，左右两侧分别有两家蛋糕店，等我从超市出来，买一块覆盆子慕斯吧。再往前，有一家综合性快餐店，麻辣烫、各种面食、砂锅、凉菜，还有醉蟹和田螺，打算买些醉蟹带回去，想了想口腔溃疡和额头的痘都还没消下去，只好忍住，继续往超市里走。

这家超市已经被我逛得轻车熟路，路过零食区，没有一样是想吃的，也好，反正吃太多对身体也不好，我这样安慰自己。

直接去了熟食区，转悠半天，还是不知道吃什么，好像也不太饿，算了，拌一点凉菜吧。

我最终没有买覆盆子慕斯，而是定了一盒比萨，店主已然与我相熟了，说：今天的金枪鱼比萨特价，要吗？我想了想：算了，还是和平时一样培根的吧。

中西合璧的晚餐搞定了，回到家打开iPad，在播放记录里找到不知道看了几遍的《肖申克的救赎》，再次点开。

我觉得自己的怀旧很奇怪，总是拒绝去接受新事物，当一部剧播放很久成为老剧的时候我才去看，而在我接受新剧之前，我一直在重复看着多年前就喜欢的人物和剧情。

在监狱里度过大半生的Brooks是孤独的，他已经习惯了被支配，服从命令和指示的环境，外面飞速发展的社会让出狱的他显得格格不入，他坐在那里，失去了生机。

越狱成功的安迪救赎了自己的身体，还有心。

或许，我也需要一场救赎。

这是秦先生出差的第七天。

03

旅行归来的那个好友说，她的健身卡快到期了，她打算明天一早去续费，继续修身养性。

我问她有什么收获吗。

她说，眼界开阔，心态平和。

她确实随和许多，从前遇事就冲动的品性已经不见，倒是多了些成熟稳重的意味。

她告诉我给我发的照片有些经过了PS处理，我说你居然会Photoshop吗？她说在网上看了视频教程，学了些基础的。

我问她，你还做了什么，干脆一一道来。

好友于是列举出来。

由于对茶的兴趣越来越浓厚，她报了一个茶艺班，她是茶迷我知道，却也没有想到她前阵子跟着一群爱茶人士去了浙江的一个茶园亲自采摘。

接着她发来一段小视频，视频里满目苍绿，她穿着大红的当地特色长裙，边采茶边唱歌，她唱得兴致盎然，我听得心旷神怡。

我说你哪里来的假期。

好友说，年假，再加上周末的时光，够了。

不耽误工作就好。

好友发来一个笑脸，不会的。她已经考取了一级企业人力资源管理师的证书，往后跳槽的话起点会高一些了。

末了又发来一个调皮的表情：虽然还不打算跳槽。

尽管有时候，加班之后的夜，她也会跟我说：西西，如果跟你在同一个城市就好了，我们可以一起逛街吐槽，一起K歌打台球，我的衣服给你穿，你的发卡借我戴，即使不开心也能抱着彼此哭一哭，不会孤独，你说多好。

是啊，多好。

04

我这几天重新读了一遍《木偶奇遇记》，我记得我最初读这本书的时候，是十二岁。

我的四姐姐从她同学那里借了几本书，其中一本，就是带插画的《木偶奇遇记》。那是当时我看过的最厚的一本书，这么多年我几乎都要忘记书里的内容了，只有一个印象很深的画面：匹诺曹去仙女家的路上，为了绕过一条蛇不小心摔倒了，那条蛇看到匹诺曹狼狈的样子，便一直笑一直笑，结果给笑死了。

我觉得很惊奇，原来人物设定还可以这样，我记得当时我也笑了好久，我四姐姐还问我傻笑什么。

四姐姐是我的堂姐，在我的印象里，她疼我超过了她的亲妹妹，她总是给我买好看的辫绳，好吃的都留给我，我小时候的零花钱多是从她那里得来，有时候我拿着两块钱去小卖部打酱油，她会再给我五块钱让我买零食吃。

后来她为人妻了，相夫教子，她那样贤惠，她在我年少的时光里，温良如初。

那个被四姐姐呵护的年代，我从不知何为孤独。

我修剪了阳台上的栀子花，把多余的枝丫剪掉，赋予它一场新生，不知道这对于它来说，是好事，还是坏事。

我找出之前买过的《秘密花园》，涂了好几页的颜色，涂完之后满满的成就感。

我去楼下的餐厅吃了沸腾鱼，秦先生在家的时候偶尔会阻止我去吃，他说地沟油太盛，不能常吃。

周末去咖啡厅喝着拿铁坐了一下午，写完了一些总结和记录，写完之后觉得自己很矫情，却又忍不住笑出声。

给母亲打电话，母亲说小朋友交到了一个“铁哥们”，两个人玩得不亦乐乎，一个不肯回家，另一个不肯放行。

说来惭愧，我不会用家里的电视机，它连了三重功能，一个是有线，一个是无线网，还有一个是安装宽带送的大麦盒子。我不懂几个遥控器之间怎么切换，于是这一个多星期的时间，我都没有打开过。

我也不会用家里的打印机，需要打印一份资料的时候，折腾半天，最终还是去了楼下的复印店。

好友说我，秦先生不在家，生活快要不能自理。她说得对，突如其来的分离，总是让人格外孤独，往常的依赖被撕开一个洞，每天的时间都被无限延长，就像夕阳拉长的影子，形单影只。

05

没有谁能避开孤独丛生的游戏，有的孤独只是一时，有的孤独存在多日。

那么索性，就去与它比试比试，说不定能赢得一场救赎，从而改观自己。

我懂啊，我们没办法永远活在《老友记》里，我们要工作，会结婚生子，或者换座城市，或许几多变迁，我们相处时间最长的，永远是自己。

我也懂，“心静自然凉”“忙能治百病”“精神独立最重要”“矫情是一种病”。

可是我也愿意一边讨厌它一边享受它，在它偶尔到来的日子，与它为邻，或许能看到些许平日里无法察觉的情绪，它让我忧伤，或给我力量。

# 在一切变好之前，你要耐心等待

翻看自己以前的微博记录，发现曾转过这样一段话：在一切变好之前，我们总要经历一些不开心的日子，这段日子，也许很长，也许只是一觉醒来。无论如何，你要坚持。

我隐约想起，那个时候，是我和秦先生最艰难的日子。

当时，我们所有的积蓄都拿去做了投资，我开了一家店，他投进去一个项目，我们秉持着年轻就要折腾的态度，决定义无反顾地按照自己喜欢的方式去生活。

于我来说，开店是陌生的，尤其是在我觉得自己品位不算高的情况下，开一家服装店，无异于不自量力，说难听点有可能是自取其辱。可是年轻啊，真好，在面对新生活的时候，相信事在人为，人定胜天。

最开始，每天都要去附近的商场、小区，各种热闹场所寻找合适的房源，要临街的，要客流量大的，还要房租和地段结合起来性价比高的，比选择恋爱对象还费心费力。那年夏天是我度过的最漫长的夏天，游走于城市的每一条公交和地铁线上，见过了N多个房东或中介，暴晒的日头下，终于体会到拼搏的苦楚和流不尽的汗水。

找到合适的房子并不是万事大吉，要装修，要做门头、灯箱、指示牌，要把每一面墙都物尽其用，要装饰成我想要的样子，要把衣服的搭配架子做得有特色，要另外再加一些风格统一的装饰，不但费力，还费脑子。

每个周末把店交给秦先生帮忙看着，我要跑到很远的郊区或者临市去选择最新款、最流行、最受欢迎的衣服，常常发完货运，自己也还要大包小包拎回来一部分，偶尔不忙的时候就印些传单发一发，好让附近的人知道，新开了一家店。

秦先生比我更忙碌，他的项目从招标报价做方案到签合同发货，他的奔波，不在我之下。常常晚上我已经睡着，他还在做方案。

这一切的努力，看上去都那么有希望。

可现实非要在希望面前给你加一段很长的跑道，顺利跑下来才算夺冠，否则就只能被迫中途退场。

我的服装店，营业额迟迟跟不上来，水电费房租以及物业费必须如期交付，而卖衣服赚回来的钞票，别说利润，连成本都没回来。

秦先生的项目把我们的存款全部耗了进去，本来，只要度过三个月的工期回款到账，一切就都好了，结果没想到集成商迟迟不肯付款，一直拖延说款项没下来。

后来，才终于知道，原来甲方因为贷款没有批下来，资金链断裂，导致项目停工，无限期等待。

生活就像被按了暂停键，所有的努力在那一瞬间都失去了意义，天空是灰色的，风是冷的，黎明仿佛永远都不会到来。

无尽的黑夜，让我不得不自己给自己灌鸡汤。店是新开的，附近的居民、来往的人群大概还没有注意到，毕竟还不成熟，没有老顾客做基础也是情有可原的。秦先生那里没有回款也是可以等的，只要施工再次开始，资金回笼也是指日可待的。

大概就是那个时候，我在微博发了那段话，我自己添加的附语是：在一切变好之前，要耐心等待。

我记得我重新调整了心态，更加积极地印发传单，更加挑剔地进行衣服批发的筛选，更加节省手里的每一分钱。我跟秦先生说，这是场考验，我们要耐得住啊。

经历了黑暗，才知道熬过去的日子多幸福。

半年以后，在冬天过完之前，服装店的生意开始好起来，有了回头客，有了固定的客源；秦先生的项目开始继续施工，他又得以继续发货，不久以后，项目完成，尾款结清。

生活给我们的，远远没有那么多的诗情画意，它习惯洒落一地鸡毛，让人经历些许风雨摇曳，让人在磨难里迷失。

小时候看过的故事里，很多小动物都会在森林里迷路，可是最后，它们要么自救，要么被救。现实中，没有那么多勇敢的猎人，即使有，他也是一个旁观者，所以，我们能做的，就是自救。

下雨了，没钱买伞的时候，就去找个屋檐躲雨。雨总会停，阳光会出来，说不定还能看见意想不到的彩虹。

如果半路就被困住了脚步，如何赋予自己一场新生?

前阵子我写了一篇采访稿，被采访的人物是茶界星巴克“茶香书香”品牌的创始人，罗军罗老师。我反复听了一上午当时采访的录音，配合着他的各种资料和照片，写完之后觉得豁然开朗。

在传统观念的认知里，茶虽然是国粹，尽管是文化，却仍然不被年轻受众人群所认可，比如我，我宁愿去咖啡厅坐一下午，可能也不会去感知一杯茶的力量。

要把固有的传统，加工成时尚，是一件困难的事情。

因为受众人群的局限，因为固有观念的陈旧，再加上对茶文化存在的疑问和误解，这些都有可能导致推广新型茶文化的路上，挫败重重。

罗老师从前是从事环保事业的，与茶文化无半点关系，当他爱上茶的时候，一切都是从零开始。十载苦学，遍访大师，这条路，走得并不算通畅，也会遇到各种阻碍，也会遇到人们的不理解不买账，可是他一路坚持，在茶文化的研究上不言放弃，在坚持的道路上耐心等待。

罗老师说：一片树叶，落入水中，改变了水的味道，从此有了茶。

他用沉淀和信心，等待社会接纳他的与时俱进和融会贯通。如今，他的旗舰店已经形成连锁模式，不断壮大，他的品牌也成了茶文化里不可或缺的一部分，他的书被央视纪录片导演盛赞有加。

岁月，终于还他一路花开。

李安在获得奥斯卡金像奖之前，蛰伏了好几年；王宝强在成为许三多之前，在电影学院门口的树上睡着过无数次；甚至于如今一朝成名天下知的网红papi酱，也在成名这条道路上追逐已久。

功成名就的背后，总是有着不为人知的努力，以及相信一切的不堪都是暂时的信心，不要坐以待毙，不要困死在那里，你得坚强，更要坚持。

我们无法预知，人生里究竟还有多少试探和考验，也不能每次都能化险为夷，可是，哪怕在那些阳光照不进来的日子，也都是我们余生最年轻的时刻了。所以，耐心一点，坚持一下，骨感的现实都会过去，夜会来临，黎明也会来临，风雨有时，灿烂的阳光也有时，而你要知道，阳光总比风雨多。

在一切变好之前，你要耐心等待，你想要的，岁月都会给你。

图书在版编目（CIP）数据

你总是太容易放过自己 / 卡西著. -- 兰州：读者出版社，2019.1
ISBN 978-7-5527-0520-1

Ⅰ.①你… Ⅱ.①卡… Ⅲ.①成功心理—通俗读物 Ⅳ.①B848.4-49

中国版本图书馆CIP数据核字(2019)第000844号

**你总是太容易放过自己**
卡西 著

责任编辑　漆晓勤
封面设计　对面设计

选题策划　京贵传媒
出版发行　读者出版社
地　　址　兰州市城关区读者大道 568 号（730030）
邮　　箱　readerpress@163.com
电　　话　0931-8773027（编辑部）

印　　刷　北京温林源印刷有限公司
规　　格　开本 880 × 1230 毫米　1/32
　　　　　印张 9　字数 175 千　插页 2
版　　次　2019 年 3 月第 1 版
印　　次　2019 年 3 月第 1 次印刷
书　　号　ISBN 978-7-5527-0520-1
定　　价　39.80 元

---